MANUAL DEL VIAJERO DEL TIEMPO

Juan Carlos Serrano

Título: Manual del viajero del tiempo (I)

Primera Edición, Madrid, Julio 2021

ISBN: 978-8409325146

Impreso por Bubok

NOTA DEL AUTOR

El ser humano siempre ha tenido interés en entender los mecanismos que rigen todo lo que le rodea y en encontrar una explicación a lo que no comprende. Ya en la antigüedad observaba la bóveda celeste repleta de estrellas y se preguntaba cuál era su lugar en el universo.

Al principio las estrellas eran veneradas e incluso idolatradas, llegando a creer que tenían efectos o poderes de todo tipo, sin embargo, los avances científicos han ido proporcionando respuestas basadas en evidencias demostrables. Esto nos ha permitido conocer una enorme información sobre el universo y sobre nuestro propio origen, aunque aún queda mucho por descubrir.

En este libro he tratado de proporcionar una visión general del universo y del sistema solar. Hablo de su origen, de su evolución y de su futuro. También encontrarás respuestas a algunos de los hechos más curiosos que se conocen en los que la física juega un papel importante.

He procurado utilizar un lenguaje sencillo para describir los fascinantes fenómenos que se producen tanto muy cerca de nosotros como más allá de las estrellas, y lo he hecho a través de los ojos de un adolescente para que su lectura resulte lo más amena posible.

Si sientes curiosidad por este mundo, te invito a que acompañes a Mario en sus viajes hacia los confines del universo. Espero que disfrutes con la lectura de este libro tanto como yo disfruté escribiéndolo.

Juan Carlos Serrano

En algún lugar algo increíble

está esperando ser descubierto

Carl Sagan

La inteligencia es la habilidad

de adaptarse a los cambios

Stephen Hawking

El viaje

Yo no sé si mi abuelo era un genio. No tuve oportunidad de conocerlo, aunque me hubiera gustado. Mi padrastro nos separó de él al poco tiempo de venirse a vivir con mi madre y conmigo. Yo no tendría ni tres años, pero de lo que me acuerdo perfectamente es de escuchar una terrible discusión que culminó en un improvisado y largo viaje a la mañana siguiente.

Lo que ocurrió después durante mi infancia y adolescencia no tiene demasiado interés. Fue una etapa de mi vida marcada por estrictas e ilógicas órdenes de alguien que nunca debió entrar en nuestras vidas. Pero ahora ya se ha acabado.

Mi padrastro sufrió un accidente hace un par de meses que terminó con su vida. Por suerte iba sólo en el vehículo. Nadie lloró su muerte, ni siquiera mi madre que seguramente algún tiempo lo quiso más que a nada en el mundo. Pero ese tiempo había quedado atrás hacía mucho. Son extraños los poderes mágicos que unen una persona a otra, aunque anulen por completo los deseos y la personalidad de una de ellas. Pero gracias a Dios por fin se ha acabado.

Ahora emprendo un nuevo viaje, un viaje de regreso a la casa de mi abuelo. Se encuentra a más de 1.000 km de donde vivimos actualmente. Pero eso no importa. Algo me dice que debo ir, tal y como me solicitan en la notificación oficial que acabamos de recibir justo ahora. Un día después de su propia muerte.

Viajo ya en el último tren que me dejará a pocos kilómetros de su vivienda. Acaricio el membrete que figura en el sobre. Es un logo de una empresa que gestiona herencias y testamentos. En el interior una carta explica que para la lectura de sus últimas voluntades debo estar presente únicamente yo. Mi madre no dudó cuando se la enseñé. *Debes ir,* me dijo. *Tu abuelo era alguien excepcional,* añadió.

No sé lo que me deparará este viaje, pero sí espero que este acontecimiento repentino nada más cumplir mi mayoría de edad, me ayude a conocer más a alguien que siempre ha estado en boca de mi madre. Lástima que las circunstancias provocaran que no tuviera oportunidad de conocerlo.

Cuando el tren por fin se detiene en la estación, noto como un vacío en el estómago a la vez que mi pulso se acelera. Recojo mis cosas deseando saber a dónde me va a llevar todo esto. Una vez en el andén veo como la máquina se aleja. *Bienvenido Mario,* me digo en voz alta.

El legado

En la parada de taxis hay un par de vehículos. Miro mi reloj. No me sobra demasiado tiempo por lo que decido llegar cuanto antes a mi destino. Paso al interior de uno de ellos. Saludo al conductor y le indico la calle. Él asiente y abandonamos despacio la estación.

Media hora después estamos delante de un enorme edificio de oficinas en el centro de la ciudad. He calculado bien. En poco menos de una hora sabré de verdad para qué he venido hasta aquí. Deambulo por los alrededores para hacer tiempo hasta una zona peatonal donde un pequeño parque se extiende alrededor de un lago plagado de patos. De repente levantan el vuelo todos a una, como si hubieran recibido una orden en aquel instante. Los veo en formación surcando los aires y me pregunto qué sentirán ahí arriba con el mundo bajo sus pies.

Observo a mi alrededor. Las pocas personas que veo van y vienen con paso decidido. Me recreo imaginando sus vidas. Las hay que se desplazan por motivos de trabajo, otras por necesidad de comprar alimentos o ropa, puede que algunas para visitar a un familiar y las menos, seguramente, para evadirse de lo que les rodea procurando alimentarse de aquel mínimo reducto de aire fresco levantado en medio de la ciudad. Me pregunto si esa es la vida que eligieron llevar. Miro de nuevo mi reloj. Descubro que tengo el tiempo justo para llegar al edificio acristalado y decido regresar sobre mis pasos.

Un rato después atravieso la puerta giratoria del edificio y atisbo un panel enfrente de mí donde figura un completo directorio. El logo de la empresa es inconfundible. Está en la novena planta. Paso al interior de un elevador cuya cabina deja a la vista el hall de entrada. No dudo en situarme en el fondo para sentir mejor el movimiento ascendente y ver cómo las personas en el hall se van haciendo cada vez más pequeñas. Siempre quise montar en uno de esos. Un pitido me aparta de mis pensamientos. He llegado.

Me acerco a un mostrador donde una recepcionista me ruega que espere unos minutos. Me llamará en cuanto se lo indiquen. Tomo asiento en una de las tres butacas situadas a unos metros del mostrador, hasta que efectivamente tras un par de minutos me hace una señal para que la acompañe. Abordamos un corto pasillo y pasamos a un despacho donde un individuo entrado en años me espera. Porta unas gafas diminutas de las que ya nadie lleva. Me saluda y me invita a que tome asiento. Cuando ya nos quedamos solos empieza a hablar.

–Hola Mario, soy Ginés Barroso, un amigo de tu abuelo. Antes de morir me encomendó que me ocupara de un asunto de vital importancia para él. Ese es el motivo por el que estás aquí.

–¿Usted era amigo de mi abuelo?

−Sí, desde la infancia y te puedo asegurar que era alguien especial. Nunca me pidió nada salvo este pequeño favor que para mí realmente no lo es. Pero si te parece vamos al grano.

Aquel sujeto extrae una carpetilla de un cajón que contiene una única hoja firmada por mi abuelo y certificada por la gestora y rubricada a su vez por un par de sellos notariales.

−Debo leértela yo. No obstante, luego la podrás ver tú mismo.

Asiento intrigado. Por lo que mi madre me había dicho, sabía que mi abuelo llevaba una existencia humilde, por lo que no acertaba a adivinar lo que podía haberme dejado en su testamento. Ginés comenzó a leer.

Querido Mario:

Quizá cuando te lean estas líneas no entiendas lo que haces aquí. Puede que no comprendas por qué alguien que no tuviste oportunidad de conocer te ha hecho venir. Pero el hecho es que yo, tu abuelo, sí que te he conocido. He visto como crecías a partir del momento en que nuestras vidas se separaron. De alguna manera he sido testigo de todas tus pequeñas hazañas y superaciones que has ido logrando hasta conformar la personalidad que tienes ahora. Las circunstancias provocaron que nuestras vidas transcurrieran por caminos distintos, sin embargo, siempre he sabido de ti como si estuvieras a mi lado.

Por eso mismo no tuve ninguna duda a la hora de determinar para quién sería todo lo que he poseído hasta ahora. Y no hablo de cosas materiales, sino también de algo mucho más valioso: el conocimiento. Esto último probablemente no lo comprendas, pero te aseguro que dentro de poco lo harás. No puedo cederte grandes riquezas ni resolverte tu porvenir en términos económicos, pero te aseguro que lo que te dejo te va a enriquecer muchísimo más.

Tengo cierta idea de lo que tu madre te habrá contado sobre mí y sobre mi personalidad, pero a este respecto yo sólo te puedo decir que he procurado ser fiel a mí mismo y he dedicado la mayor parte de mi vida a comprender quien soy y qué hago aquí. Humildemente puedo decir que creo que lo he conseguido. Te parecerá algo de lo más extraño todo lo que te estoy contando, sin embargo, no tienes por qué preocuparte puesto que estoy convencido que lo entenderás a su debido tiempo.

En cuanto al aspecto legal del asunto que nos ocupa, CONFIRMO ante notario y el representante legal de la gestora que te hará llegar este escrito, que es mi DESEO que TODAS MIS POSESIONES a partir del día de mi fallecimiento PASEN A SER DE TU TITULARIDAD, siendo concretamente MI VIVIENDA, cuyos datos catastrales figuran en el anexo de este documento, y TODO LO QUE SE HALLA EN SU INTERIOR.

Nada más y nada menos. Es mi legado y confío en que pronto te des cuenta del valor que tiene lo que hay en esa casa que ha sido mi morada durante el transcurso de mi viaje por este mundo. Mario, tengo mucha fe en ti y estoy seguro de que lograrás sacar provecho de lo que allí encontrarás. Estoy convencido de que llegarás a ver el gran valor que tiene.

Te deseo lo mejor en esta vida.

Te quiere tu abuelo.

−Es todo. Debajo hay un párrafo donde declara que está en su sano juicio y da fe de que es consciente de lo expuesto en este escrito. Míralo si lo deseas −afirma el tal Ginés acercándome la carta

Cojo la declaración y la leo de nuevo para mis adentros. Ciertamente no entiendo gran cosa de lo que me quiere decir. Tan sólo que a partir de ese momento soy dueño de una casa situada a pocos kilómetros de donde estoy.

−¿Podría quedarme una copia?

−Claro. Además, este documento certifica que la casa es propiedad tuya. En cuanto al papeleo, trámite de impuestos y demás, no tienes por qué preocuparte de nada. Por expreso deseo de tu abuelo está todo gestionado. Por descontado, sobra decirte que la vivienda no tiene carga alguna.

Mi interés por saber cómo sería y qué habría en el interior de esa casa aumentaba por momentos. Ginés se despide de mí, no sin antes ofrecerse para ayudarme en el caso de que me surja algún problema, cosa que realmente agradezco. Lo cierto es que estoy sólo y muy lejos de mi casa.

Abandono el edificio y pienso rápidamente en mis siguientes pasos. La vivienda está en una localidad vecina y hasta el día siguiente no tengo programado mi viaje de vuelta, por lo que decido no perder ni un segundo. Paro un taxi y nada más sentarme le indico la dirección. Veo en el rostro del conductor una expresión de extrañeza, aunque no dice nada. Decido no darle importancia y esperar a ver lo que mi abuelo ha preparado para mí.

La casa

Tras un buen rato llego a mi destino. Pago al taxista y segundos después observo cómo el vehículo se pierde avenida abajo. No había imaginado nunca que la casa donde había vivido mi abuelo era como la que tengo delante de mis ojos. Según mi madre, de pequeño viví aquí, aunque no tengo ni un recuerdo de aquello. Tiene dos plantas y un pequeño jardín, que a todas luces pasó a mejor vida hace tiempo. Está acotado por una valla que verdaderamente requiere una buena capa de pintura. Imagino que, si el exterior está así, mejor no pensar cómo está lo demás.

Suspiro hondo y abro la portezuela de madera. Camino despacio hasta la entrada y cojo la llave que me ha proporcionado Ginés. Una vuelta, otra más... y la cerradura gira totalmente. Empujo un poco y la puerta encajada en el marco por fin cede. Me siento como si estuviera haciendo algo que no debo, sin embargo, esa vivienda es ahora mía. Soy su propietario. No tengo que temer nada. Paso al interior.

La escasez de muebles es lo que me llama más poderosamente la atención. En realidad, no se encuentra en tan mal estado como me lo había imaginado desde el exterior, sin embargo, todo lo que hay allí me parece como de otra época. Deambulo por la planta baja hasta que decido subir las escaleras que conducen al resto de la casa. En la parte superior apenas hay muebles. Respiro una atmósfera que por algún motivo llega a ser asfixiante. Quizá tan sólo sea una sensación mía. Al fondo de un estrecho pasillo veo una puerta, la única que permanece cerrada. Me acerco y descubro que no puedo abrirla. Está cerrada con llave. Sin darle mayor importancia vuelvo a bajar. Creo haber visto debajo de la escalera una puertecilla. Me pregunto si llevará a un sótano.

Cuando ya estoy delante de ella, compruebo que, como la del primer piso, también está cerrada con llave. No tiene demasiado sentido que, habiendo preparado su marcha, mi abuelo haya dejado parte de la casa condenada. Además, por sus palabras tiene que haber algo de gran valor para él y lo que he visto hasta el momento desde luego no lo tiene. Me acerco hasta la cocina, perfectamente ordenada y rebusco en el interior de los cajones y muebles. Hay cubiertos, utensilios de cocina y algunas latas de conservas, hasta que al fin al fondo de uno de los armarios veo algo que me llama la atención. Lo saco y lo pongo sobre la mesa para examinarlo bien. Se trata de una caja. Una caja de madera.

Parece estar hecha a mano y tanto en los lados como en la tapa lleva extrañas figuras talladas. Se encuentra perfectamente barnizada y el detalle y la precisión con la que están labrados algunos adornos indican que no fue poco el tiempo dedicado a transformar aquella caja. Sin embargo, muy a mi pesar, también está cerrada. Lo que me sorprende es que no tiene cerradura. ¿Será eso a lo que mi abuelo se refería en su carta? ¿Qué sentido tendría si ni siquiera puedo ver lo que hay dentro?

Sin saber cómo abrirla la sostengo entre mis manos. No tiene ningún resquicio ni bisagra. Es desconcertante. Le doy la vuelta y examino su base. Justo en el centro hay tallado un círculo que en un punto determinado forma un estrecho canal hasta el borde de la base. En su interior hay un diseño curvilíneo que a primera vista no me dice nada. Sin embargo, pensándolo bien, creo haber visto esa figura en alguna parte.

Intento buscar en mi mente dónde se me puede haber presentado esa imagen antes, hasta que por fin caigo. No me he dado cuenta que lo tengo delante de mis narices: la llave de acceso a la vivienda. La examino y veo que efectivamente la forma de la cabeza o agarre tiene la misma figura. Sin duda la manera de abrir esa extraña caja es utilizando esa llave. Sin perder un segundo pongo la llave en el círculo tallado y en la posición adecuada para que coincida la figura tallada con la cabeza de la llave. De repente escucho cuatro golpes secos.

Dejo la caja sobre la mesa e intento desplazar hacia arriba la parte superior. Lo consigo. La tapa estaba anclada a través de cuatro cilindros diminutos situados en las esquinas. No acierto a comprender cómo funciona aquel mecanismo, sin embargo, me doy cuenta que el volumen interior es muchísimo más pequeño de lo que cabría esperar. Las paredes de la caja tienen un grosor exagerado. Sin duda en su interior se oculta el ingenioso mecanismo de apertura. No pretendo descubrir cómo es, no al menos en este momento, así que me centro en su contenido. Por suerte está ahí lo que andaba buscando: dos llaves plateadas.

El sótano

Guardo la llave de acceso a la vivienda y devuelvo la caja a su lugar. Me dirijo hacia la puertecilla debajo de la escalera con intención de abrirla. Ciertamente tengo curiosidad por saber lo que hay detrás. Doy un par de vueltas a la llave y la puerta se entorna levemente. La empujo y queda a la vista una escalerilla que se pierde en las sombras. Distingo un interruptor en la pared, a la altura de mis ojos. Lo pulso y un reguero de pequeños leds dispuestos a ambos extremos de cada escalón se iluminan. En ese momento me doy cuenta que estoy sonriendo, y es que ese detalle es el único por el momento que me hace sentir que estoy en el siglo XXI desde que he llegado a aquella casa. Al final de la escalera se adivina una sala perfectamente iluminada por una potente luz cálida.

Desciendo con cuidado hasta llegar abajo. Una vez allí observo asombrado aquel sótano repleto de extrañas máquinas fabricadas principalmente de madera. A primera vista desconozco la utilidad de la mayoría de ellas. Parecen ingenios arcaicos, aunque en algunas de hay conectados dispositivos eléctricos posiblemente con la finalidad de dotarlas de la energía necesaria para ponerlas en funcionamiento. Vuelvo a preguntarme si es eso a lo que se refería mi abuelo en su carta. De ser así más vale que me haya dejado un libro de instrucciones para saber cómo funcionan todos esos artilugios.

En el fondo del sótano hay multitud de herramientas que están a la vista. También una enorme mesa de trabajo. Imagino que le serviría a mi abuelo para construir esas máquinas. Echo un vistazo al interior de una de las cajas apiladas en una esquina en busca de algún plano o instrucción que me sirva para entender lo que realmente hay allí, aunque sólo encuentro piezas de madera y deshechos de otros materiales.

Voy hacia el otro extremo sorteando aquellos ingenios electromecánicos que duermen inertes como esperando el día en que vuelvan a cobrar vida. Un viejo sofá delante de varias estanterías vacías pegadas al muro es lo único que encuentro. Algo aturdido miro desde allí aquel viejo sótano y pienso que realmente no conozco a mi abuelo ¿A qué se dedicaba? ¿Qué tipo de vida llevaba? ¿Con qué finalidad ha construido todo esto? Y lo más importante... ¿cuál es el motivo por lo que me lo ha dejado a mí?

No encuentro respuestas a mis preguntas, sin embargo, aún hay un lugar en esta casa donde podría obtenerlas. Cruzo de nuevo el sótano y me dirijo hacia la escalerilla. Quizá tras la puerta que me queda por abrir en la primera planta esté lo que busco.

El desván

La llave entra perfectamente en la cerradura de la puerta del final del pasillo del primer piso, pero no termina de abrir. Parece estar totalmente encajada. La empujo con fuerza mientras a la vez giro la llave con determinación hasta que al fin lo consigo. De nuevo ante mí surgen unas escaleras. Esta vez ascendentes. Los escalones apenas tienen una longitud de un metro. Yo diría que algo menos. Un idéntico reguero de leds como el que he visto al visitar el sótano se encienden nada más presionar el pulsador insertado en la pared. Voy subiendo despacio sin estar seguro de lo que me voy a encontrar ahí arriba.

Tengo la sensación de que el aire allí es más limpio. No existe ya esa asfixia que sentía hace unos minutos. Por fin llego al final del tramo de escaleras. Observo lo que tengo delante. Se trata de un desván. Un acogedor y completo desván al que no le falta detalle.

Sin duda esa es la zona más cuidada de la casa. Apostaría que allí es donde mi abuelo pasaba la mayor parte del tiempo. No estaba equivocado al decir que el aire era más puro. Hay una serie de estrechas rejillas que dan al exterior. En uno de los extremos y sobre el tejado, hay practicada una abertura circular sellada con un vidrio transparente por donde entra gran cantidad de luz. Justo debajo descansa un enorme telescopio. En el lado contrario hay una pantalla incrustada en el muro; debajo de ésta un mueble con varios cajones cerrados y delante un sofá de dos cuerpos. Por último, en una de las esquinas, junto a un tragaluz abuhardillado, hay una extraña silla pegada a un montón de estanterías repletas de libros que se levantan hasta el techo.

Camino hasta situarme debajo de la abertura circular y miro hacia arriba. Reconozco que debe ser un sitio magnífico para ver el cielo estrellado. Examino el telescopio. Está orientado hacia algún lugar del cielo. Probablemente ese punto del espacio fue lo último que observó mi abuelo. Me giro hacia donde está el sofá. Parece cómodo. Me dejo caer en él. Al fin y al cabo, todo aquello ya me pertenece. Miro a mi alrededor pensando que aquel viaje quizá sí que tenía sentido hacerlo y en ese mismo momento decido cuál va a ser el lugar dónde voy a pasar la noche. Ojalá así descubra algo más sobre los planes que mi abuelo tenía para mí.

La nota

Tras cancelar la reserva del hotel a través de mi teléfono móvil me doy cuenta de que hay una conexión wifi cifrada al alcance del aparato. Quién iba a imaginar que mi abuelo utilizaba la tecnología. Cualquiera que viera la mayor parte del interior de esa casa diría que no era posible. Intento conectarme a la red wifi que tiene ese nombre tan extraño: "*Alpheratz*". Me pide una contraseña. Escribo el nombre de mi abuelo, pero el mensaje de error aparece al instante. ¿Cuál puede ser la clave? Busco con curiosidad el nombre de la wifi en la red utilizando mi propia conexión de datos y descubro que es el nombre de una estrella. La estrella más brillante de la constelación de Andrómeda. Aunque siempre me ha llamado la atención no entiendo gran cosa del espacio, pero si esos nombres están relacionados quizá "*Andromeda*" sea la clave que busco. La escribo y al instante mi teléfono se conecta a la red.

Me da la sensación de que en aquella casa no voy a aburrirme ni un segundo y me pregunto aún qué es lo que he heredado de mi abuelo que tiene tanto valor. Ese telescopio vale lo suyo, sin embargo, él no hablaba de algo material, sino de conocimiento. ¿Qué conocimiento? ¿A qué se podía referir?

Me acerco hasta las estanterías. Ojeo algunos libros. La mayoría están desgastados por el uso. Los hay de muy diversos temas, aunque la mayoría son de ciencia. Veo volúmenes extensos de astronomía, física, biología y química, aunque también los hay de literatura y de filosofía. En una balda inferior de una de las estanterías hay tres cajas de cartón cerradas. Me llaman poderosamente la atención. ¿Qué guardará mi abuelo ahí? Me agacho y pongo la primera en el suelo. Quito la tapa y descubro que son más libros. Aunque estos tienen algo diferente. En el dorso de cada uno figura el nombre de mi abuelo.

Sobre ellos descansa una hoja doblada por la mitad. La despliego y reconozco su letra. Es una carta para mí.

Querido Mario,

No dudo que esta carta será una de las primeras cosas que descubrirás. En el lugar en el que te encuentras ahora mismo he pasado muchas horas estudiando y poniendo a prueba mis conocimientos. Supongo que no lo acabarás de entender, sin embargo, estoy convencido que algo cambiará en ti después de pasar un tiempo aquí dentro.

Los libros que están guardados en estas cajas tienen mucho valor para mí. Más que cualquier otra cosa que encuentres. Eso no quiere decir que los demás libros que ves en las estanterías y los que hay en el sótano junto con los artilugios electromecánicos no tengan valor. Todo lo contrario. De hecho, en cada libro y en cada máquina hay una historia detrás digna de ser contada. Pero eso ya te darás cuenta tú mismo a su debido tiempo.

Ahora lo único que tienes que saber es que en cada capítulo de cada libro que forma esta increíble colección hay un viaje único al propio conocimiento. Cada uno te hará vivir una experiencia inimaginable. Aunque hay un obstáculo. Ese obstáculo eres tú mismo. Y es que para formar parte de esto debes abrir tu mente. Sólo podrás abordar esta experiencia si tienes fe en ti mismo. Te pido que confíes en mí, pero ante todo que confíes en ti.

Aunque no entiendas gran cosa de lo que te estoy contando en estas líneas y de lo que probablemente te pasará en unos minutos, estoy seguro de que seguirás adelante. Hazme caso, merecerá la pena.

Disfruta de tus viajes.

Te quiere tu abuelo.

¿De qué viajes me habla mi abuelo? ¿A qué experiencias se refiere? Releo la carta, pero sigo con las mismas dudas. ¿Y qué libros del sótano? Que yo recuerde, allí no había ninguno.

Lo único positivo es que ya he descubierto por fin lo que tenía más valor para mi abuelo. Se trata de esos libros. ¿Pero qué tienen de especial?

Dejo la carta a un lado y cojo el primero. Al leer el título que aparece en la portada no sé qué pensar:

TOMO I
MANUAL DEL VIAJERO DEL TIEMPO

CONSIDERACIONES PREVIAS Y PRIMEROS VIAJES
ORIGEN

Paso las primeras páginas sin fijarme en lo que realmente pone. Hay una especie de recomendaciones y un índice con varios capítulos. Sin embargo, veo que tras esas primeras hojas el resto del libro no tiene ninguna página más escrita. Está todo en blanco.

El principio

¿Qué significa esto? Ahora sí que no entiendo nada de nada. Cojo otro de los tomos y compruebo lo que me temía. Sólo tiene un índice de capítulos y nada más. ¿Es una broma de mi abuelo? Si así fuera, desde luego que no tendría ninguna gracia. ¿Pero qué sentido tiene guardar una colección de libros en blanco?

Intento tranquilizarme y decido leer las pocas hojas escritas del primer tomo. Observo la extraña silla que tengo al lado. Con sus dos patas apoyadas en el suelo me recuerda a un canguro que está a punto de saltar. Me pregunto si acabaré en el suelo. Me siento despacio y me echo hacia atrás. Para mi sorpresa me doy cuenta que es de las más cómodas que he utilizado. Su forma ergonómica se adapta a mi espalda. Tengo que reconocer que cuando la vi me pareció frágil e inestable, pero ahora admito que es hasta confortable.

Abro la primera página donde figura una especie de *Nota del autor* encabezada por un rotundo rótulo: *Consideraciones previas*. Comienzo a leer.

[...MANUAL DEL VIAJERO DEL TIEMPO – TOMO I – Consideraciones previas...]

Bienvenido a una experiencia única e irrepetible. Si has llegado hasta aquí probablemente gracias a tu curiosidad, estoy seguro de que seguirás adelante.

Para adentrarte en los viajes que tienes por delante, lo único que debes hacer es seguir unas recomendaciones. Si lo haces, estoy convencido que irás avanzando y entenderás cuál es el objetivo de esta colección. Te daré una pista: desde que empezamos a tener uso de razón siempre nos hemos hecho preguntas que tienen que ver con nuestra existencia. Encontrar las respuestas y comprender el sentido de nuestra presencia en el universo a través del conocimiento de nuestra historia tiene que ver con ello. Pero mejor que lo descubras por ti mismo.

Antes te he hablado de recomendaciones. Básicamente son dos. Son muy claras, aunque difíciles de digerir. La principal es que debes creer. En general. Debes confiar en que cuando te ocurra algo que escapa a tu comprensión, tengas en cuenta que tiene un sentido, una razón o un motivo, aunque tú no lo entiendas. Y por eso tienes que intentar no parapetarte detrás de una razón férrea e inamovible, puesto que no vas a encontrar explicación a todo lo que sientas o experimentes. Sencillamente debes dejarte llevar. Ésta, por cierto, es la segunda recomendación. Como ves, las dos a priori parecen fáciles de seguir, sin embargo, te aseguro que sobre todo al principio no te será tan sencillo.

He de decirte que para ayudarte no estás sólo. Siempre que emprendas un viaje vas a tener a un guía.

Alguien que te va a explicar lo que está pasando. Pero no es nadie tangible con el que puedas dialogar, es más bien parecido a una conciencia. Una voz que te tranquilizará, te apoyará, te enseñará, pero que también de pedirá que en todo momento sigas sus consejos. ¿Cómo lo reconocerás? No te preocupes, te darás cuenta de su presencia en cuanto te adentres en el primer viaje.

¿Pero cómo son estos viajes a los que me refiero? ¿Cómo vas a moverte? ¿Cuánto durará cada viaje? ¿A dónde irás? Estas cuestiones, junto con el hecho de que el interior de cada tomo está en blanco después del título de cada capítulo, sin duda te preocupan a la vez que te sorprenden. Además, entiendo que el título de la colección te habrá parecido de lo más desconcertante. No puedo responder esas preguntas, pues tú serás el que encuentre esas repuestas. Sólo te puedo decir que apliques las recomendaciones que te he apuntado. Por último, quiero comentarte algo más, y es que por mucho que sientas que quizá te ocurre algo malo y que no tiene marcha atrás, en realidad no te pasará nada.

No tengo mucho más que decirte. Sólo te pido que conviertas estas consideraciones en tu carta de navegación y por mucho que te suene raro... que disfrutes de la experiencia. Estoy seguro de que lo harás.

[...MANUAL DEL VIAJERO DEL TIEMPO – TOMO I – Consideraciones previas...]

Aparto la vista del libro ¿Cómo debo tomarme esto? ¿Quizá mi abuelo no estaba bien de la cabeza? Cada vez que creo haber hecho un avance para intentar comprender, ocurre todo lo contrario, acaba confundiéndome aún más. Pero por algún motivo hay algo que me impulsa a seguir, a descubrir de qué trata esta experiencia tan extraordinaria a la que se refiere.

Intento grabar las dos recomendaciones en mi mente y vuelvo al libro. Paso la página y veo que en la siguiente figura un breve índice de capítulos.

[...MANUAL DEL VIAJERO DEL TIEMPO – TOMO I – Índice...]
EL UNIVERSO
Origen y formación del universo
Formación de la Tierra
Un paseo por el sistema solar. Evolución
El futuro del universo
Guía interactivo
[... | ...]
[...MANUAL DEL VIAJERO DEL TIEMPO – TOMO I – Índice...]

Por lo visto todo este primer volumen está relacionado con los orígenes del universo y su evolución. Cojo de esa misma caja otro al azar para ver por curiosidad de qué tratan los otros tomos. Lo abro. No hay ninguna introducción como en el primero, simplemente un índice con una serie de capítulos.

[...MANUAL DEL VIAJERO DEL TIEMPO – TOMO IV –
Índice...]

EL EGIPTO FARÁONICO
Las grandes construcciones
Los faraones más influyentes
El mundo de los dioses
Guía interactivo
[... | ...]

[...MANUAL DEL VIAJERO DEL TIEMPO – TOMO IV –
Índice...]

En ese caso es un repaso por Egipto en tiempos remotos. Dejo deslizarse las páginas rápidamente. También está todo en blanco. Dentro de mí cada aumenta cada vez más la confusión. Sin embargo, sé que la única manera que tengo de intentar comprender algo es haciendo caso de las consideraciones previas y empezar esos hipotéticos viajes. Pero ¿cómo?

Devuelvo el tomo IV a la caja y me centro en el primer tomo de nuevo. Me repito que tengo que confiar en mí mismo, algo que sinceramente no siempre he hecho. Respiro hondo y abro de nuevo el libro por el índice. Leo despacio el rótulo del primer capítulo e intento imaginar que pasaría en el origen del universo. ¿Cómo sería?

Paso la página y entonces ocurre.

Origen y formación del Universo

Me encuentro flotando en el aire, muy cerca del círculo transparente practicado en el techo del desván que sin duda mi abuelo abrió para examinar el cielo estrellado. Lo extraño es que no siento mi cuerpo. Es más, aunque suene raro decirlo, mi cuerpo no está aquí conmigo. No obstante, yo tengo conciencia de saber dónde estoy exactamente porque soy capaz de ver ahí abajo el telescopio, el sofá, las estanterías y todo lo que hay en el desván. Entonces cuando miro justo al lado de las cajas empiezo a sentir miedo. El motivo es porque me veo ahí. Estoy sentado en aquella silla ergonómica. Parece que leo. ¿Pero qué estoy leyendo?

Intento tranquilizarme y me pregunto dónde está el guía del que hablaba mi abuelo. ¡Ahora es cuando lo necesito! Es una sensación extraña. Me siento ligero y me puedo mover de acá para allá sin embargo no soy algo material. Asustado, empiezo a escuchar una voz dentro de mí. Una voz cordial y amable que me tranquiliza poco a poco. Me dejo llevar.

Sé cómo te sientes. Crees que no formas parte de este mundo, y es que en verdad eres algo insignificante, una cantidad mínima de energía capaz de moverte a tu antojo por el espacio y el tiempo. No comprendes cómo es posible, piensas que es algo inédito que sin duda debe seguir siendo experimentado. Quédate con la idea de que eres sencillamente una *conciencia energética*. Te guiaré en este viaje que has comenzado a los orígenes del universo. Será algo único e indescriptible, te lo aseguro.

De repente estás sobre la casa de tu abuelo. A diez metros del suelo. Ves la abertura practicada en el tejado y el tragaluz muy cerca de él. Miras alrededor tuyo. Extensiones de tierra se alejan en todas las direcciones. De pronto te das cuenta que en un instante has pasado a estar a mucha más altura y la casa de tu abuelo sólo es un pequeño punto que ha quedado muy lejos. En este momento empiezas a entender algunas de las cosas que has leído hace unos minutos y sientes que quieres emprender el viaje cuanto antes. Y empieza a suceder.

Para llegar al momento donde el tiempo empezó a contar, al origen de todo, debes retroceder en el tiempo. Y eso es lo que vamos a hacer. Sigues ascendiendo cada vez más deprisa mientras observas cómo a tu alrededor cambia rápidamente. Se suceden los días y las noches, después los años y los lustros, después cientos y miles de años hasta que te encuentras de repente en el espacio exterior con la visión de una Tierra mayoritariamente de color azul y en constante actividad. Las formaciones rocosas se desplazan con movimientos que parecen aleatorios, provocados por los corrimientos de las placas tectónicas, mientras tú te vas alejando cada vez a más velocidad.

Repentinamente sientes como si hubieras sido proyectado de alguna manera hacia atrás. No es verdad. Sencillamente estás viajando más deprisa, tanto que delante de ti ocurren cosas impensables. Apenas te da tiempo a verlo, pero en un segundo te parece haber visto que algo impactaba contra la Tierra. Observas cómo al instante, esa esfera que ya no es azulada, se hace más y más pequeña hasta que desaparece en una nube que gira alrededor de un punto que emite gran cantidad de luz.

Te sientes sobrepasado. No entiendes gran cosa de lo que está ocurriendo y es que, en verdad, viajar hacia atrás en el tiempo no explica realmente nada. Te aseguro que lo interesante será cuando lo hagamos en sentido contrario: desde el origen de todo hasta el día en el que comenzó tu existencia. Por eso a partir de ahora vamos a ir todavía más deprisa.

Todo lo que gira alrededor de esa luz tan potente se precipita hacia ella de pronto como una especie de sumidero y tu perspectiva cambia alejándose aún más. Entran en tu campo de visión otras nubes de polvo estelar, planetas y estrellas que a su vez se fusionan con otras. Es una sucesión escalofriante de imágenes en movimiento que tienden a concentrarse en un punto cada vez más pequeño. No te da tiempo a digerir lo que ves, simplemente lo miras con estupor.

Observas cómo pasan a través de ti galaxias enteras, nebulosas y estructuras planetarias cada vez más y más deprisa concentrándose en ese mismo punto. Son millones de ellas y van a una velocidad de vértigo.

De pronto notas que esas formaciones son cada vez menos numerosas y pasan por delante de ti de forma más espaciada. Estamos llegando a nuestro destino. Poco a poco la velocidad disminuye y te vas acercando más y más a ese punto de alta densidad que de alguna forma ha engullido todo lo que has visto pasar ante tus ojos.

Inexplicablemente te sientes muy pequeño, tanto que te internas en sus entrañas. Eres una partícula ínfima dentro de esa fracción insignificante de algo que no sabes qué es. Estamos en el punto de partida. Justo en lo que se conoce como *Big Bang*.

Te preguntas qué es eso del Big Bang que lo has escuchado tantas veces. Tienes el privilegio de verlo en primera persona. Te diré que básicamente es el punto inicial a partir del cual se formó la materia, el espacio y el tiempo tal y como lo conocemos. Es el origen mismo del universo. También es cierto que nadie ha viajado como tú lo has hecho hasta este momento y que tan sólo los físicos teóricos han podido elaborar algunas teorías que han servido para demostrar en cierto grado, utilizando la física y el lenguaje matemático, lo que vas a ver a partir de ahora.

Antes de emprender tu viaje de regreso vamos a tomarnos un respiro e intentar responder a la pregunta que te viene a la mente y que seguramente será una de tantas. Estás en el momento a partir del cual podemos aplicar las leyes de la física. ¿Pero qué había antes de eso?

La respuesta es nada. Es lo que los científicos llaman una *singularidad*. Es un área del espacio-tiempo en la que ya no podemos aplicar las leyes de la física sencillamente porque el tiempo y el espacio no existen. Para entenderlo, te voy a proporcionar varias explicaciones.

Imagínate que el viaje que has realizado hasta aquí en el que has visto cómo todo lo que existía se ha ido concentrando en un punto extremadamente pequeño e infinitesimal y de alta densidad y temperatura, pudiera continuar. Si pudiéramos seguir viajando en ese sentido, llegaría un momento en el que esa densidad de materia y energía sería infinita y por lo tanto superior a la unidad de densidad más grande (teóricamente) que existe. No sería posible hacer cualquier tipo de cálculo porque matemáticamente no podemos tratar números infinitos y en definitiva no podríamos explicar ningún proceso. Por eso la comunidad científica no puede explicar lo que había antes del Big Bang, porque no existe el tiempo antes de su inicio. Porque realmente no hay nada.

Para intentar entenderlo desde otro punto de vista me ayudaré de una eminencia en este campo del que seguramente habrás oído hablar. El gran físico Albert Einstein aseguraba que el espacio–tiempo está sujeto a una curvatura. Basándose en esa teoría, el astrofísico Stephen Hawking explica este punto de partida comparando el continuo espacio–tiempo con una esfera: *la superficie de una esfera no tiene principio ni fin, solo existe.* Si imaginamos que el tiempo y el espacio comienzan en el polo Sur, e intentáramos ir más allá de ese punto, no podríamos. ¿Por qué? Porque no hay nada más allá del polo sur. Lo mismo ocurre si quisiéramos retroceder más allá del Big

Bang, donde el espacio–tiempo está sujeto a una curvatura, no podríamos porque no hay nada.

También se puede explicar este concepto desde el punto de vista de la materia. El tiempo es un parámetro de la materia y ésta existe tanto en cuanto pueda tener interacción con el medio que la rodea a través de las fuerzas físicas conocidas (gravitatoria, electromagnética, nuclear fuerte y nuclear débil). Por lo tanto, en ausencia de esas fuerzas (ya que no se pueden aplicar más allá del Big Bang), no hay materia y por lo tanto no existe el tiempo y en consecuencia no hay nada.

A pesar de llegar a esta conclusión otros científicos han diseñado varias hipótesis para explicar qué había antes de la singularidad a partir de la cual ocurrió el Big Bang. Todas entran dentro del ámbito de la mecánica cuántica y realmente ninguna está aceptada por la comunidad científica y mucho menos demostrada científicamente.

Pero será mejor que volvamos donde estábamos y dejemos las teorías para los físicos teóricos. Has retrocedido 13.800 millones de años. Es decir, dentro de 13.800 millones de años llegarás al mundo. En este instante es cuando el universo nació, tal y como lo conocemos. Te recuerdo que estás en el mismísimo *Origen del Universo*. Para que comprendas mejor la magnitud de lo que vas a vivir llamaremos a este momento *instante 0*.

Te encuentras en el interior de una partícula de tamaño infinitesimal donde, aunque no eres capaz de ver nada, sientes algo: es energía. Y es que cerca del *instante 0* todo el universo está condensado en un punto extremadamente pequeño de altísima densidad y de enorme temperatura. Su tamaño es algo menor que el de un átomo donde las cuatro fuerzas que rigen el universo están unidas en una única fuerza.

No ha pasado ni siquiera una décima de segundo y empiezas a notar algo extraño. Es la expansión de este pequeño punto en el que estás inmerso. La temperatura empieza a disminuir, se está enfriando. Has pasado de estar en el interior de un punto mucho más pequeño que un átomo a una esfera de dos centímetros. Entonces se produce algo difícil de explicar: es una asimetría que provoca que la fuerza gravitatoria se separe de las demás. Tú no te das cuenta, pero tiene una importancia de tal envergadura que condicionará todo lo que va a ocurrir de ahora en adelante.

Por fin ya comienzas a ver lo que te rodea. Es lo que los científicos han denominado sopa cuántica formada por pequeñas partículas elementales, quarks. Sientes que todo se expande más a tu alrededor. La temperatura sigue descendiendo, pero esta vez lo hace de una manera violenta y en un tiempo mínimo (menos de una billonésima de segundo). Está comenzando un periodo llamado *Inflación cósmica*, en donde esa sopa cuántica se expande enormemente. Ahora miras confundido a tu alrededor donde los quarks chocan unos contra otros y aparecen partículas distintas que se unen a su vez a otras, se aniquilan, se neutralizan y se generan otras distintas fruto de la unión de algunas de ellas. Todo te parece caótico, sin embargo, este es el origen de la formación de partículas algo más grandes como protones, neutrones y núcleos de hidrógeno.

En este momento hay algo que te preguntas, algo que no puedes explicarte. ¿Si hemos partido de energía, cómo se forma la materia? Eso es algo que se ha tratado de explicar al demostrar la existencia de una partícula elemental muy inestable capaz de dotar de masa al resto que interactúa con ella: el *Bosón de Higgs*. Te fijas un poco más y observas miles de millones de microscópicos corpúsculos formando un campo donde se estrellan una y otra vez las partículas. Eso es el campo de Higgs. Actúa de tal forma que cuando una partícula interacciona con él es capaz de proporcionarle masa. ¿Pero todas las partículas tienen masa, es decir, interaccionan con los bosones de Higgs? La respuesta es no. Hay una partícula que no tiene masa porque no interacciona con este campo, o al menos no de la misma forma. Se trata del fotón.

Vas a ser testigo de cómo la luz ha servido para comprender cómo fue el origen del universo, y aunque este no sea el momento de entrar en detalles, sí que debes saber que los fotones, al no tener masa han conseguido obtener el récord de velocidad de movimiento. Nada puede superar la velocidad de la luz (300.000 km/sg). Nada puede viajar más rápido que un fotón. Para que te hagas una idea de esa magnitud te diré que la Tierra y la Luna están separadas por una distancia de 384.400 km. Si pudiéramos viajar a la velocidad de la luz podríamos llegar a la Luna en poco más de un segundo. Increíble, ¿verdad? En este momento sé que te sientes un poco sobrepasado, pero no te preocupes, volveremos a hablar más adelante sobre los fotones y su utilidad. Ahora lo que te interesa es continuar tu viaje.

Desde el *instante 0* tan sólo han transcurrido tres minutos, en los cuales ya se han conseguido formar los núcleos que ves a tu alrededor al expandirse y enfriarse la sopa cuántica. En su mayor parte son de hidrógeno y en mucha menor proporción, de helio. El universo se sigue expandiendo, enfriándose y disminuyendo de densidad. Te fijas mejor y ves cómo los fotones interaccionan entre los iones, electrones libres y el plasma formado por núcleos de hidrógeno y helio. Lo hacen a velocidades vertiginosas. Vamos a incrementar la velocidad de nuestro viaje. Ante tus ojos millones de partículas siguen interaccionando mientras la expansión continúa. Entonces llegas hasta un momento decisivo. Te encuentras a 380.000 años después del *instante 0*.

En este punto el universo se ha enfriado lo suficiente (hasta los 3.000 °K) como para que se condense el plasma ionizado con la materia. Los núcleos de hidrógeno y helio atrapan a los electrones y forman átomos, dejando espacio suficiente para que los fotones escapen de ese plasma donde hasta ahora se encontraban colisionando de manera continua. Delante de ti ves cómo se ilumina todo en un instante, absolutamente todo. Se dice que aquí el universo se hizo transparente. Esa radiación emitida conocida como *Fondo Cósmico de Microondas* proporciona a la comunidad científica una imagen primigenia del universo y sirve para entender mejor la continua expansión del mismo. Es como un estallido del que aún queda una reminiscencia que somos capaces de ver y medir gracias a nuestros adelantos tecnológicos. Así es como hemos podido asegurar cuál es la edad del universo, analizando esta radiación. Te sientes un privilegiado al ver aquello. Es una imagen indescriptible.

Una vez liberados los fotones de su celda enormemente densa, el universo entra en una nueva fase llamada *Época oscura*. El tiempo sigue transcurriendo velozmente y en la inmensidad que te rodea observas cómo poco a poco van siendo cada vez menos los átomos ionizados. Entonces el universo se vuelve neutro, incapaz de emitir radiación alguna. Está formado por un gas mayoritariamente compuesto por esos átomos de hidrógeno y algunos de helio y litio que absorben la mayor parte de los fotones a su alrededor. El universo se vuelve opaco y continúa enfriándose y expandiéndose. Esta fase abarcará unos 250 millones de años.

Por suerte y debido a tu naturaleza de conciencia energética eres capaz de pasar en un instante esa época oscura. Consigues viajar hasta el final de ella con un simple pestañeo. Cuando termina da paso a otro periodo mucho más intenso marcado por la formación de las primeras estrellas.

Sientes que tu viaje está siendo trepidante. Apenas puedes ir asimilando lo que estás viviendo. Y es que tienes que pensar que millones de años pasan delante de ti en milésimas de segundo. De repente te sientes arrastrado por un lugar lejano en el espacio. Y no sólo tú. Es un punto hacia donde se van dirigiendo millones de átomos de hidrógeno y helio y nubes de gas cósmico. No entiendes qué ocurre. Toda la nube de gas, en la que tú estás inmerso, está girando alrededor de un núcleo minúsculo. Sin saberlo te encuentras en el corazón de una estrella en formación. Lo que está ocurriendo se debe al efecto gravitacional, el gas se va contrayendo formando un núcleo y liberándose energía. Transcurrido un tiempo la temperatura asciende hasta que provoca reacciones nucleares de fusión alrededor de ese núcleo. La fusión del hidrógeno forma átomos de helio desprendiendo gran cantidad de energía. Como la temperatura sigue aumentando, se siguen produciendo más fusiones nucleares originando nuevos elementos algo más pesados mientras continúan desprendiéndose ingentes cantidades de energía. Se llegan a formar así los primeros elementos de la tabla periódica actual que tú conoces. Todos hasta el hierro (litio, carbono, oxígeno, nitrógeno, magnesio, sodio, silicio...). Esa liberación de energía gracias al proceso de fusión es lo que origina la luz de la estrella que permanecerá en el tiempo siempre que tenga combustible (hidrógeno en su mayor parte) para seguir fusionándose.

Agradeces ser lo que eres en ese momento y te alejas del núcleo con solo querer hacerlo. Ves desde la distancia cómo continúa el proceso de formación de la estrella y cómo los elementos se van agrupando en capas alrededor del núcleo. Los menos pesados giran en la parte externa y los más pesados lo hacen en zonas cada vez más interiores. Te fijas cómo el hierro se concentra en el núcleo y te preguntas por qué no se siguen fusionando los elementos que se han formado hasta ahora para seguir obteniendo otros. Es sencillo, los núcleos de hierro son compactos y es el elemento más estable, por eso no puede dar lugar a reacciones nucleares. El núcleo formado por hierro va aumentando cada vez más hasta que no puede sustentarse debido a su propia gravedad y ocurre algo que no imaginabas. La estrella se colapsa. Se acaba de formar una supernova.

En un instante estás a miles de kilómetros de la estrella que acaba de explotar enviando al resto del universo todos los elementos que se han ido formando durante millones de años. Poco habías oído hablar de lo que era una supernova antes y ahora has podido descubrir que es una etapa evolutiva de la vida de las estrellas más masivas. Es una gran explosión que termina en una estrella de neutrones o en un agujero negro. Este término sí que te suena mucho más, pero no es el momento de entrar en ello ahora, pues debes de continuar tu viaje.

Te sientes desbordado. Aún así te sigues preguntando cómo se forman los demás elementos a partir del hierro, el último más pesado que se creó en el corazón de esa estrella. Para responder a eso hay que entender algo que ocurrió en el instante justo del colapso de esa estrella. En ese momento, y antes de la violenta explosión, se producen neutrones en un altísimo número, pero durante muy poco tiempo. Algunos núcleos son capaces de capturarlos formando elementos mucho más pesados como el oro, el uranio o el polonio, que serán proyectados en la explosión acompañando al resto de elementos más ligeros que se habían ido formando. El resto de elementos más pesados se irán creando en los confines del universo por procesos de colisión de neutrones sobre átomos ya existentes que se han proyectado al formarse la supernova tras colapsarse la estrella. Es decir, la estrella *"fabrica"* los elementos ligeros y tras su colapso es el universo el lugar donde se *"crean"* el resto de elementos. Digamos que actúa como un enorme laboratorio.

Has sido testigo de la formación y extinción de una estrella de primera generación. A partir de sus cenizas, compuestas por gran cantidad de elementos, se irán formando nuevas generaciones de estrellas por el mismo proceso que la originó. Mientras tú has visto cómo se forjaba tu estrella, en el universo se han formado millones de ellas mientras otras han perecido proyectando sus elementos y sirviendo éstos para originar otras. Es un proceso dinámico, caótico y desordenado, influido por inestabilidades gravitacionales. Pero no sólo se forman estrellas, sino que el universo continúa evolucionando originando estructuras cósmicas como nubes moleculares, protoestrellas e incluso planetas al irse condensando la materia más pesada en discos alrededor de núcleos gaseosos. Así es como finalmente se llegan a formar las primeras galaxias. Pero para ver esto tendrás que seguir tu viaje, esta vez hasta unos 700 millones de años desde el *instante 0*.

No puedes saber a qué distancia estás de lo que empiezas a presenciar, sin embargo, lo defines cómo algo único. Es un conjunto de millones de estrellas y miles de planetas envueltas en una nube de gas y polvo cósmico que gira en torno a un núcleo gaseoso, denso y caliente. Se trata de una galaxia, pero no es cualquiera. Es la galaxia denominada *Vía Láctea* donde en breve serás testigo de la formación de nuestro sistema solar que alberga al único planeta conocido en el que se ha desarrollado la vida: la Tierra. De nuevo, para que seas consciente de la magnitud del universo te daré algunos datos. La Vía Láctea contiene unos 400.000 millones de estrellas y para viajar de un extremo a otro (en su diámetro medio) tardaríamos 200.000 años luz, es decir, 200.000 años viajando a la velocidad de la luz, que ya viste que era 300.000 km/sg. Nuestro planeta gira alrededor de una de esos 400.000 millones de estrellas (*Sol*) que da nombre a nuestro sistema solar dentro de la Vía Láctea. Como ves somos algo increíblemente insignificante en este escenario. Ten en cuenta además que ni siquiera se conoce el número de galaxias que existen en el universo (una cifra aproximada de las últimas mediciones hablaba de 2 Billones de ellas). En verdad son cifras astronómicamente enormes.

Mejor no darles muchas vueltas a los números si no quieres acabar mareado. Retomemos el viaje. En nuestra galaxia se encuentra nuestro sistema solar y esto es algo con lo que afortunadamente ya estás más familiarizado. Tienes curiosidad por saber en qué momento se formó y cómo fue el proceso. Para ello te mueves rápidamente hacia uno de los brazos de esa galaxia en espiral que se estaba formando, la Vía Láctea, y en una décima de segundo te encuentras delante de una nube molecular. Han trascurrido algo más de 9.000 millones de años desde el *instante 0*. Estás a tan sólo 4.800 millones de años de venir al mundo y a punto de ver cómo se formó el sistema solar.

Te preguntas cómo a partir de esa nube molecular se llegó a formar nuestro planeta. La explicación no es compleja. Adéntrate en ella y observa bien. Ves que mayoritariamente está compuesta por hidrógeno, pues a estas alturas ya conoces bien cómo es un átomo de hidrógeno. También ves átomos de helio y algunos otros elementos junto a metales pesados surgidos de colapsos estelares pasados. Observas un punto lejano del universo donde eres capaz de ver una serie de ondas que van a chocar con esta nube molecular. Es el efecto de una supernova lejana. Cuando esas ondas llegan a la nube, ésta incrementa su temperatura. Te alejas un poco para observarlo desde una mayor distancia porque intuyes que lo que vas a presenciar es un proceso violento. No estás equivocado.

El gas se va comprimiendo y condensándose en un punto aumentando su densidad. Por el mismo efecto se proporciona un movimiento angular a este minúsculo núcleo originando una leve rotación. En su evolución se sigue contrayendo más y más aumentando de masa, densidad y temperatura. Poco a poco el hidrógeno se va fusionando originando elementos más pesados. Al ir aumentando la masa, aumenta también la atracción de los elementos pesados que giran alrededor del núcleo en toda la nebulosa, de forma que por acreción de materiales se van formando los planetas, quedando los rocosos más cerca de este núcleo, mientras que los más gaseosos se van enfriando girando en órbitas más lejanas.

Como te habrás imaginado el núcleo que ves es el Sol y los planetas que giran alrededor suyo son los que forman el sistema solar. Si te detienes a mirar con más atención verás que no todo es tan ordenado, claro y limpio como pudiera parecer o cómo figura en las láminas de cualquier libro. De hecho, parece que hay un número mayor de planetas de los que tú conoces. Además, hay mucho polvo estelar, cenizas y elementos rocosos distribuidos en diferentes órbitas del sistema solar. Algunos deambularán por el espacio describiendo órbitas irregulares, mientras que la mayoría se precipitarán en los planetas vecinos por acción de la gravedad, pero para eso tendrán que pasar millones de años.

El tiempo sigue transcurriendo y te vas acercando a uno de los planetas que curiosamente va cambiando de un color grisáceo a un color azulado. Es la Tierra. Ya estás tan sólo a unos 1.000 millones de años de venir al mundo y para que reflexiones algo más sobre la inmensidad de todo esto, te diré que aún ni siquiera ha aparecido el primer antepasado del que desciende el hombre, aunque sí que existe ya vida microscópica. No vamos a entrar ahora a describir cómo se originó la vida, pero es algo que podrás ver más adelante si lo deseas.

Aceleramos la velocidad de tu viaje. Ya estás llegando al momento del que partiste. Te adentras en la atmósfera y empieza a dibujarse el continente donde vives; te acercas más hasta distinguir tu ciudad y aún más hasta ver la casa de tu abuelo. Te invade una emoción de felicidad. Sientes que has descubierto muchas cosas que desconocías, aunque ahora mismo en tu cabeza hay un montón de ideas y conocimientos que sin duda requieren un tiempo para asentarse. No te acostumbras a ser lo que eres, una conciencia energética. Miras al horizonte y aprecias la curvatura del globo terráqueo y sonríes. Desciendes aún más y entonces... finaliza tu viaje.

Un respiro

De pronto abro los ojos. Estoy sentado en la silla ergonómica y con el Tomo I del *Manual del viajero del tiempo* cerrado sobre mis rodillas. ¿Ha sido un sueño? Miro el reloj. Ha pasado algo más de una hora, pero me siento como si hubiera transcurrido mucho más tiempo. De hecho, estoy agotado. En mi cabeza aún retumban los ecos de las galaxias, las estrellas, el polvo estelar y los planetas. No estoy seguro de lo que ha sucedido, aunque por suerte me alegro de recordarlo.

Paso las primeras páginas del libro y veo con estupor que el primer capítulo está escrito. No doy crédito a lo que veo. Estoy convencido de que cuando lo ví estaba totalmente en blanco exceptuando sus primeras páginas, sin embargo, ahora puedo leer lo que he vivido en primera persona. ¿Qué tipo de magia es esta? Paso al segundo capítulo y después dejo deslizar las páginas bajo mi dedo pulgar. El resto del libro está en blanco.

No acierto a comprender lo que ha pasado y menos cómo un libro que tenía todos sus capítulos en blanco, ahora aparece uno de ellos escrito, aunque a decir verdad me produce una sensación excitante. Mi abuelo tenía razón en lo que decía. Me ha abierto la curiosidad y de hecho quiero seguir adelante, pero ¿cómo? Concentrarme, confiar en mí mismo, querer... Esas eran las claves. Pero creo que este no es el momento. Me siento con hambre y mis tripas no dejan de hacer un sonido que reconozco a la perfección. Así que decido ir hasta la cocina para tomar algo de comer.

Bajo las escaleras y recorro parte de la vivienda en dirección a mi codiciado destino. En mi camino paso delante de la puerta del sótano. Está entornada. Supongo que es así como la dejé. Me viene a la cabeza lo que mencionaba mi abuelo en su nota sobre los libros del sótano ¿Qué libros? Allí abajo había sólo varias estanterías vacías. ¿Escribiría esa nota hace tiempo y luego cambiaría los libros de lugar? Tendría que volverlo a visitar para cerciorarme, pero mis tripas siguen recordándome cuál es mi prioridad en este momento.

Por suerte, la comida enlatada aún es comestible, de hecho, las fechas que figuran en la mayoría de los botes son lejanas. Saco un plato y unos cubiertos y abro un par de ellas. Tomo asiento delante de un gran ventanal que da a la parte trasera de la casa y empiezo a comer. Ya lo necesitaba. Mientras devoro el contenido de los platos mi cerebro sigue dando vueltas a todo lo que me está pasando desde que he llegado a la ciudad donde vivía mi abuelo. Es curioso cómo a veces nos encontramos cosas tan impredecibles a las que tenemos que enfrentarnos y que jamás podíamos imaginar. Supongo que se trata del azar. Por lo que empiezo a conocer de mi abuelo seguramente me daría una explicación filosófico-científica sobre ello, pero él ya no está aquí ahora. Me doy cuenta en ese momento que ciertamente su legado sí que tiene cierto valor. Sonrío y sigo comiendo hasta que ambos platos quedan vacíos. Me encuentro lo suficientemente saciado como para seguir mi aventura. Me levanto de la mesa y llevo los platos al fregadero.

Decido volver al desván. Tendría que bajar al sótano a comprobar si de verdad hay libros como asegura mi abuelo en su nota, pero siento curiosidad por emprender otro viaje. Recuerdo que el segundo capítulo trataba sobre la formación de la Tierra. Si resulta igual de apasionante como lo vivido hasta ahora, no tengo un segundo que perder. Después tendré tiempo de sobra para recorrer el sótano, pues aún dispongo de varias horas hasta que mañana tenga que emprender mi viaje de vuelta. Sin pensármelo ni un segundo más subo los escalones de dos en dos hasta que me planto otra vez en el desván.

Me siento de nuevo en la silla ergonómica y tomo el libro entre mis manos. Respiro hondo y me intento concentrar. Lo abro por el capítulo 2 y acaricio con mis dedos el título. *Formación de la Tierra*, pronuncio en voz baja. Imagino un mundo arrasado por asteroides que impactan desde el espacio, aunque también me viene a la mente un planeta asolado por grandes ráfagas de luz y calor. No sé lo que me voy a encontrar, pero estoy seguro que no me va a decepcionar. Entonces... vuelve a ocurrir.

Formación de la Tierra

Te encuentras en una ubicación inmejorable para poder ver cómo se va a formar el planeta Tierra. Has viajado hacia atrás en el tiempo, exactamente a 4.600 millones de años de lo que vamos a llamar tu *comienzo de vida*. Este es un momento que recuerdas perfectamente de tu viaje anterior. El sistema solar se empezaba a formar a partir de una nube molecular. Por la fuerza gravitatoria del núcleo gaseoso que llegará a ser el futuro Sol, diferentes estructuras rocosas se van agrupando describiendo órbitas alrededor de él. Y ahí surge, entre otros, nuestro planeta. Ves que básicamente se trata de una gran esfera irregular cuya superficie está sometida a miles de grados de temperatura. Realmente es un infierno de gases tóxicos, lava y magma derretido.

Observas que además de la Tierra hay más de una veintena de protoplanetas girando alrededor de este núcleo gaseoso. Durante el transcurso de millones de años, por los efectos gravitatorios, únicamente quedarán los pocos planetas que actualmente forman el sistema solar. No obstante, y como ya te has dado cuenta en tu anterior viaje, no se debe simplificar de esta manera. En el sistema solar hay satélites, asteroides, cometas y otras estructuras, fruto de impactos, colisiones y colapsos de estrellas sufridas a lo largo de la evolución del propio sistema solar.

Pero centrémonos en el objetivo de tu viaje que no es otro que averiguar cómo ha ido cambiando la Tierra desde su primitiva formación hasta convertirse en el único lugar que conocemos capaz de albergar vida. Ves girar esa masa caliente alrededor de un Sol que acaba de nacer, pero te das cuenta que falta algo ¿Dónde está la luna? Es cierto, la luna no existía en los orígenes del sistema solar. ¿Cómo se formó el sistema Tierra–Luna? Merece la pena que te acerques para presenciar mejor lo que está a punto de ocurrir. Así, en menos de un segundo y a una velocidad a la que sólo tú puedes viajar por ser una conciencia energética, te encuentras delante de lo que en un futuro será la Tierra. Su aspecto es aterrador y te preguntas cómo eso se llegó a convertir en la bella y azulada esfera que conoces. Estás a punto de descubrirlo.

De pronto distingues a lo lejos cómo una enorme masa rocosa se acerca peligrosamente hacia ti. Es un planeta del tamaño de Marte, es decir, su diámetro es aproximadamente la mitad que el de la Tierra. Enseguida adivinas que es cuestión de tiempo que colisione con esta Tierra primitiva ya que está situado en su misma órbita y se mueve más rápido que ella. Tienes la sensación de que algo terrible va a ocurrir y que quizá deberías irte de allí cuanto antes, sin embargo, deseas ser testigo de aquello. Avanzas unos cuantos millones de años hacía adelante y llegas justo al momento que se produjo la primera gran colisión que marcó la historia de nuestro planeta. Estás a 4.500 millones de años de tu *comienzo de vida*.

Miras sin pestañear cómo este pequeño planeta llamado *Theia* se aproxima a una velocidad de unos 15 km/sg *—unas 20 veces más rápido que una bala—*, hasta que ocurre lo que esperabas. Una violenta colisión lateral se produce ante tus ojos. Literalmente Theia se rompe al impactar con la Tierra. Parte de ella se fusiona con el propio manto terrestre mientras que las masas más grandes y voluminosas de este pequeño planeta resquebrajado intentan continuar su camino dentro de su órbita arrastrando consigo enormes masas de la corteza terrestre. Ves cómo gracias al efecto gravitatorio de la Tierra, todo este material no puede escapar y seguir su camino, sino que se queda atrapado en una órbita girando alrededor de ella. Ahora avanzas más deprisa en el tiempo y observas cómo ese cinturón de restos rocosos y polvo cósmico por efecto de la fuerza gravitatoria se va depositando por acreción formando poco a poco un pequeño planeta. En realidad, es un satélite y lo conoces muy bien. Es la Luna en su estado más primitivo.

Pero hay algo que te llama la atención. Esa Luna recién formada está muy cerca de la Tierra. Es cierto. Tan sólo la separa una distancia de 22.000 km, mucho menor que los 384.000 km a los que llegará a estar en tu época. Y no sólo eso, sino que también ves que la Tierra gira muy, muy deprisa. Es cierto que por el efecto del gran impacto se ha modificado la velocidad de rotación, pero ésta irá disminuyendo con el paso del tiempo. Como dato curioso te diré que nada más formarse el sistema Tierra–Luna los días en nuestro planeta tenían una duración de tan sólo seis horas. ¿Pero por qué aumentará la distancia entre la Tierra y la Luna y disminuirá la velocidad de rotación de la Tierra?

Las causas de ambos fenómenos están relacionadas y las encontramos en las acciones gravitatorias entre los dos cuerpos. La Luna provoca un movimiento de la masa acuosa que hay en la Tierra originando el fenómeno de las mareas. Como consecuencia se forman unas protuberancias de marea en el globo terráqueo, son deformaciones inapreciables para nosotros. Debido a ello y al estar los ejes de ambos no alienados, se produce un pequeño retardo en el giro de la Tierra lo cual frena poco a poco su rotación. Así, con el tiempo, los días irán durando cada vez más horas. En cuanto al aumento de la distancia entre la Tierra y la Luna se explica gracias a una de las leyes de Newton: al estar unidas por un abrazo gravitacional y al frenar la rotación de la Tierra provoca que la de la Luna se acelere intentando marcharse hacia fuera de su órbita –*la Luna se aleja de la Tierra unos 3,8 cm al año a la misma velocidad a la que nos crecen las uñas de las manos*–. Tu siguiente pregunta se hace ahora inevitable ¿Entonces llegará algún día en el que la Luna saldrá despedida fuera del alcance gravitacional de la Tierra? No es el momento para entrar en ello, pero te puedo asegurar que no es algo que importe demasiado ya que mucho antes de que ocurra, el Sol habrá acabado con la vida en nuestro planeta.

Ahora que entiendes algo mejor cómo actúan las fuerzas gravitatorias, vamos a continuar el viaje. Avanzas rápidamente hasta los 3.900 millones de años de tu *comienzo de vida*. La formación del sistema Tierra–Luna ya te pareció algo muy violento con la gran colisión de la que fuiste testigo, sin embargo, no fue algo aislado, ya que ahora mismo estás presenciando cómo multitud de asteroides no dejan de colisionar con la Tierra y su satélite. Es el llamado *bombardeo intenso tardío* o *cataclismo lunar*. Por suerte lo ves desde la distancia. Multitud de asteroides de diferentes tamaños impactan con violencia sobre la superficie de ambos planetas. Aunque el tiempo pasa muy deprisa, no dejas de ver cómo uno tras otro caen con fuerza. ¿Por qué se produce ahora y con tanta intensidad? No se conoce con certeza, aunque hay varias teorías que lo intentan explicar, pero para responderte tenemos que desplazarnos más allá de Marte, más de 300.000 millones de km.

La primera de las teorías habla de un hipotético planeta que existió entre Marte y el cinturón de asteroides. Es lo que estás viendo después de trasladarte hasta las inmediaciones de Marte. Vamos a imprimir mayor velocidad para que el tiempo transcurra mucho más rápido. Te fijas cómo ese planeta, al que los científicos han denominado Planeta V, gira en una órbita inestable y no demasiado definida hasta que entra en una órbita elíptica muy acusada. Ten en cuenta que el sistema solar está en proceso de formación y aún hay interacciones gravitatorias de gran magnitud entre cuerpos rocosos que deambulan por el espacio. Esto provoca que se dirija hacia el cinturón de asteroides. Cuando el Planeta V atraviesa este anillo en el que hay cerca de un millón de objetos, impacta con multitud de ellos antes de seguir su viaje hacia el Sol. Eres testigo de cómo muchos de estos asteroides cambian su órbita precipitándose hacia el interior del sistema solar, incluso ves cómo se alejan perdiéndose en dirección a la Tierra. Es algo impresionante digno de presenciar.

La segunda explicación se consigue dar a través de la hipótesis de la resonancia orbital, y para ello vuelves a moverte, esta vez hasta las inmediaciones de Júpiter. Desde aquí tienes una visión del enorme planeta gaseoso, del cinturón de asteroides que lo separa de Marte y de Neptuno, ubicado en sentido contrario y en una órbita más lejana al Sol. Los periodos orbitales de Júpiter y Neptuno forman una relación sencilla de números enteros (1:2), es decir, por cada vuelta que da uno alrededor del Sol, el otro da dos. Este fenómeno es lo que produce que justo en este momento por la acción de la resonancia orbital, el sistema se vuelva inestable provocando que varios asteroides del cinturón que rodea la órbita de Marte sufran perturbaciones en sus órbitas precipitándose hacia el interior del sistema solar.

Como ves, cualquiera de las dos explicaciones es igualmente válida, aunque aún hay demasiadas incógnitas para asegurar al cien por cien cuál es el origen de esa lluvia de asteroides. Echas un último vistazo a Júpiter, el planeta más grande de todos los que componen el sistema solar y emprendes de nuevo tu viaje al punto donde lo dejaste.

Te encuentras de nuevo delante de la Tierra en formación donde siguen impactando gran cantidad de asteroides. Este proceso continuará aún unos miles de años más, por eso de nuevo vas a viajar en un instante unos 100 millones de años hacia adelante. Hasta los 3.800 millones de años de tu *comienzo de vida*. Te acercas cada vez más a la Tierra, un planeta demasiado peligroso aún para cualquier ser vivo, pero por suerte tú puedes presenciar todo lo que está ocurriendo en su superficie sin que te pase nada. Y eso es lo que haces. Desciendes vertiginosamente hasta unos kilómetros sobre la superficie. Delante de ti tienes un escenario devastado donde hay mucha actividad volcánica. La atmósfera aún es tóxica, compuesta mayoritariamente por hidróxido de carbono. Sin embargo, algo está cambiando. Se está empezando a formar algo tan importante que será la base donde se originará la vida.

Por un lado, gracias a la actividad volcánica, las reacciones a altas temperaturas provocan que moléculas en forma de vapor salgan a la atmósfera. Al irse enfriando el planeta, este vapor se condensa para formar agua líquida. Por otro lado, los múltiples asteroides y meteoritos que han ido impactando en la superficie transportaban consigo agua en forma de hielo. Teniendo en cuenta estos dos factores, se considera que en torno a esta época ya comienza a aparecer agua sobre la superficie terrestre. Como puedes ver el planeta es cambiante y dinámico.

Hasta ahora has estado moviéndote por el espacio, pero durante un tiempo vas a cambiar de medio. Te vas a sumergir en uno de los océanos. No tengas miedo, no notarás nada especial. Desciendes rápidamente y atraviesas la lámina de agua en menos de un segundo. Continúas descendiendo. La oscuridad es casi absoluta cuando llegas al fondo marino. Aquí la temperatura ya ha bajado considerablemente, cerca de los cero grados. Este hecho junto con el efecto de la radiación solar y la presencia de determinados elementos depositados gracias a la lluvia incesante de meteoritos va a ocasionar que se den las condiciones propicias para que se pueda originar vida. No vamos a entrar ahora en este proceso, pero es necesario mencionar algunas cosas para entender cómo se llegó a formar el mundo que conoces.

Te fijas en el lecho y observas las innumerables estructuras que surgen por doquier. Tienen forma de chimenea y están expulsando un líquido caliente ¿De qué está formado? En la evolución del planeta se fue filtrando agua desde la corteza terrestre y debido al calor proveniente del núcleo, éste se calentó siendo expulsado al océano a través de estas fumarolas con la particularidad de que lleva consigo una mayor variedad de elementos y minerales. Es lo que los científicos llaman un *caldo químico* y donde se van a dar las condiciones para generar las primeras formas de vida microscópica. Durante millones de años nada cambia, así que emprendes de nuevo tu viaje hacia adelante hasta los 3.500 millones de años de tu *comienzo de vida*.

Miras a tu alrededor. Estas en un océano poco profundo donde puedes observar cómo la luz del Sol penetra unos metros por debajo de la superficie. Observas de nuevo el fondo marino y ves grandes extensiones de unas pequeñas estructuras que forman vastos campos. Son colonias de estromatolitos. Gracias a su evolución son capaces de transformar, aprovechando la energía solar, el dióxido de carbono en sustancias orgánicas –*energía*– a través de un proceso que conoces bien: la fotosíntesis. Como consecuencia de esta reacción se desprende oxígeno. Así es cómo durante unos 2.000 millones de años se formará la atmósfera de la Tierra.

Abandonas el medio acuoso y asciendes miles de metros. Desde allí vas a ver cómo va a cambiar el planeta. Su transformación es más que evidente gracias a la formación de la atmósfera y a la evolución constante de los seres microscópicos, que a pesar de todo no saltan a un nuevo escalón evolutivo hacia los organismos pluricelulares. No todavía. Observas cómo los días son cada vez más largos y la rotación de la Tierra se va frenando al igual que la Luna se va alejando por el proceso que antes comprendiste. Pero no todo es bello en este nuevo mundo en formación. La evolución es lenta y durante algunas épocas de tu viaje ves cómo el hielo cubre toda la superficie terrestre o incluso es bombardeada por varias lluvias de meteoritos. Por suerte ninguna es tan devastadora como el *bombardeo intenso tardío* que ya presenciaste.

Disminuyes la velocidad hasta llegar a los 1.500 millones de años desde tu *comienzo de vida*. Ahora los días ya duran 16 horas. Observas cómo las masas rocosas de la corteza terrestre se van desplazando. Sin duda el interior de la Tierra sigue siendo un lugar peligroso por su temperatura y actividad. No, no te preocupes pues en este viaje no lo visitaremos.

Avanzas unos 500 millones de años hacia adelante. Ya estás a 1.000 millones de años de tu *comienzo de vida*. Prestas atención a lo que tienes debajo de ti y recuerdas cómo ha cambiado aquel paisaje aterrador gobernado por gases tóxicos y erupciones volcánicas hasta evolucionar al mundo que ahora ves. No hay más que un enorme océano y un único continente al que los científicos han denominado Rodinia. En este momento los días ya duran 18 horas.

Continúas tu viaje unos 250 millones de años más. Poco a poco te estás aproximando a tu punto de partida. Ahora te encuentras a unos 750 millones de años de tu *comienzo de vida*. Está a punto de cambiar todo lo que ves. A causa de las enormes diferencias de temperatura se va a producir uno de los grandes eventos que marcaron la evolución del planeta. El interior de este enorme continente es muy frío en relación con las zonas más cercanas al océano. El corazón de la Tierra sigue estando en constante actividad y se van a producir picos de calentamiento geotérmico que van a originar una dislocación de la corteza: la fragmentación de Rodinia acaba de comenzar.

Por una parte, ver desde aquí arriba cómo se resquebraja el continente te parece un espectáculo increíble, aunque seguramente en este momento no eres consciente de que las repercusiones de este proceso a corto plazo no son demasiado positivas para el planeta. Merece la pena saber lo que pasó con más detalle, puesto que este momento es crítico en la evolución.

Observas cómo comienzan a emerger volcanes por todos los lados. La actividad del núcleo se manifiesta con cierta violencia y la atmósfera comienza a llenarse de dióxido de carbono. En ella hay gran cantidad de metano que se ha ido liberando debido a la actividad de microorganismos unicelulares y que gracias a eso habían conseguido lograr un efecto invernadero que mantenía el calor de la atmósfera. Poco a poco la proliferación de las cianobacterias llega a su punto más álgido. Expulsan grandes cantidades de oxígeno fruto de la fotosíntesis lo que provoca que reaccione con el metano convirtiéndolo en dióxido de carbono. A partir de este momento el planeta se va enfriando y se produce una lluvia ácida que va precipitando ese dióxido de carbono presente en el vapor de agua, impregnando lentamente la superficie rocosa que se extiende más allá de lo que alcanza tu vista. Como consecuencia se distribuye en las capas bajas y se producen efectos de absorción y almacenamiento; al no haber suficientes gases para mantener el efecto invernadero y gracias también a una menor intensidad de la luz solar, el calor atmosférico va desapareciendo ocasionando un descenso brusco y constante de temperatura llegando hasta los −50°C. Ves incluso cómo el hielo de los polos se extiende hasta el Ecuador. Está sucediendo un proceso por el cual el globo terráqueo quedará cubierto de hielo durante años. Es lo que los científicos han llamado *Tierra bola de nieve*. El paisaje es magnífico, pero al mismo tiempo bastante desolador.

Te encuentras inmerso en la segunda gran glaciación de las cinco conocidas a lo largo de la historia de nuestro planeta. No es la más duradera pero sí la más intensa, de hecho, se cree que estuvo a punto de acabar con la vida que estaba proliferando poco a poco en el agua. Por suerte, no sucedió así, aunque sí que fue un obstáculo para la evolución hacia la formación de organismos pluricelulares, más complejos que los existentes hasta ahora. Este hito marca un antes y un después en nuestra evolución.

Sientes curiosidad y desciendes hasta la superficie para verlo todo más de cerca. Impresiona ver por donde quiera que mires, extensiones de hielo que se pierden en el horizonte. En ese momento ves una grieta en la superficie del hielo. Dudas un instante, pero sin pensártelo demasiado te adentras en ella y empiezas a descender. El espectáculo te parece en aterrador. Los muros de hielo cada vez más estrechos se pierden hacia las entrañas de la Tierra. Por suerte no puedes sentir frío y si se diera el caso podrías pasar por la millonésima parte de la cabeza de una aguja. Pero no tendrás que hacerlo. Llegas al final de esa capa de hielo insertada en la corteza. Has descendido hasta cuatro kilómetros desde la superficie. La capa de hielo llega a tener esa longitud. Abrumado, asciendes rápidamente preguntándote cómo va a lograr el planeta seguir su evolución hasta tu *comienzo de vida*. Sin embargo, sabes que lo hará. Tú eres la prueba tangible de ello.

Atraviesas la atmósfera y sales al espacio exterior hasta unos 350 km de la superficie terrestre, prácticamente a la órbita de la futura Estación Espacial Internacional. Al ver la esfera helada entiendes perfectamente por qué los científicos la llamaron *Tierra de bola de nieve*. Vamos a acelerar el tiempo para descubrir cómo esta glaciación llega a su fin y qué lo provoca. Durante miles de años la Tierra continuó cubierta por un manto de hielo hasta que literalmente la corteza comenzó a abrirse. Es curioso que lo que ocasionó el fin de la glaciación sea de nuevo la actividad volcánica.

Te acercas para verlo mejor. Infinidad de volcanes surgen por todo el planeta. La actividad es enorme y poco a poco van a ir consiguiendo cambiar el aspecto helado de la Tierra. Comienzan a expulsar grandes cantidades de dióxido de carbono. Éste ya no se puede fijar en la superficie rocosa por el simple hecho de que aún está cubierto de hielo, con cual acaba en la atmósfera provocando un aumento de temperatura e iniciando un efecto invernadero. Al irse derritiendo el hielo por acción de este ascenso de temperatura y el efecto de la luz solar, se comienza a liberar oxígeno que también pasa a la atmósfera. La evolución sigue su curso.

¿Pero qué ha pasado con la vida que se había iniciado hace millones de años en el agua en forma de organismos microscópicos unicelulares? Pues desciende de nuevo al fondo del océano y lo verás. En el fondo marino, donde el agua era líquida y más caliente, a pesar de estar cubierta por gruesas capas de hielo, ha conseguido preservarse la vida gracias a fuentes hidrotermales y sopas de algas que sirvieron de sustento a otros organismos. Por suerte mientras la superficie quedó cubierta por el hielo, la vida siguió evolucionando en pequeñas arcas de Noé, eso sí, mucho más despacio.

Asciendes de nuevo. Tu viaje está llegando a su fin, pues la Tierra ya está en condiciones para evolucionar hacia organismos vivos más complejos. Ahora, a 600 millones de años de tu *comienzo de vida*, los días ya duran unas 22 horas. Sigues viajando hacia adelante y ves cómo un océano con mucho más oxígeno sirve de sustento para continuar evolucionando hacia seres cada vez más diferenciados. Las formas de vida más primitivas se transforman y surgen los primeros organismos multicelulares. Estás a unos 500 millones de años de tu *comienzo de vida*. Se puede considerar que a partir de este momento la evolución se fue abriendo paso hasta nuestros días, aunque como bien puedes imaginar, no fue un proceso lineal exento de acontecimientos inesperados.

En este punto tu viaje para descubrir cómo se formó la Tierra ha acabado. Ante ti transcurren millones de años en cuestión de segundos y te encuentras de nuevo sobre la casa de tu abuelo. Te sientes satisfecho y agradecido por poder haber sido testigo de todo lo que acabas de ver. Entonces desciendes y... todo se vuelve oscuro.

La biblioteca

Abro los ojos. Me encuentro sentado donde comencé aquel viaje. Estoy en aquella silla ergonómica que al principio me había parecido tan extraña. Por suerte ya no me pilla por sorpresa, como me pasó en mi primer viaje. Respiro hondo intentando recordar todo lo que acabo de vivir. Con curiosidad abro el Tomo I de *El Manual del viajero del tiempo* y busco rápidamente el capítulo 2. Tal y como me imaginaba está completamente escrito. No acierto a comprender por qué ocurre esto, sin embargo, no es algo que me preocupe demasiado. Además, tengo la certeza de que esa y otras muchas incógnitas que inundan mi mente sobre lo que hay en esa casa, acabarán despejándose.

Dejo el libro sobre la caja donde están en resto de tomos y decido bajar al sótano. Es el mejor momento para averiguar si no miré demasiado bien en mi anterior incursión ahí abajo y en realidad están esos libros que menciona mi abuelo en su nota.

Abandono el primer piso y me sitúo delante de la puerta del sótano. Pulso el interruptor y el reguero de leds iluminan la estrecha escalera. Desciendo por ella.

Deambulo sorteando los extraños artilugios de un extremo a otro. Examino algunos de ellos, aunque no acierto a entender su utilidad ni funcionamiento. ¿Es posible que mi abuelo no haya guardado ni un solo plano de aquellos misterios electro−mecánicos? En algún sitio tienen que estar. Me acerco al muro donde descansan varias estanterías vacías y aproximo el desgastado sofá hasta colocarlo junto a ellas. Mi intención es ver las baldas superiores para cerciorarme de que están también vacías. Me encaramo a uno de los brazos del sofá y descubro que ahí tampoco hay nada. Ni un libro, ni un papel, ni un plano. Aunque sí que reparo en algo que me llama la atención. Las estanterías están tan pegadas al muro que no dejan ni siquiera un milímetro de espacio. Están perfectamente alineadas, como si formaran parte del muro. Entonces observo que en una de ellas hay una minúscula cajita de la que sale un cable que se pierde hacia abajo. Apenas se ve porque desciende paralelo a la estantería, justo por donde hay un pequeño ribete que lo oculta.

De un salto me planto en el suelo y, extrañado, sigo aquel cable. Desciende hasta la parte inferior de la estantería. Antes de llegar al suelo hace un giro y se pierde a través de un pequeño orificio que da al interior. Saco mi teléfono móvil y al instante activo el flash para iluminarla. Aparentemente no hay nada. Alargo la mano y palpo la madera y entonces me doy cuenta de que el tacto es distinto. Hay un área cuadrada de poco más de un centímetro de lado que realmente no es de madera. De hecho, parece que si lo presiono un poco cede hacia dentro.

Sin pensármelo dos veces lo aprieto e instintivamente me aparto hacia atrás. No ocurre nada. Sin embargo, cuando voy a aproximarme para presionarlo de nuevo, escucho un ruido mecánico mientras las estanterías literalmente se desplazan hacia un lado dejando a la vista una enorme habitación que se ilumina al instante. Una habitación repleta de libros.

La sala interactiva

Sin duda ese sitio era al que se refería mi abuelo al mencionar que había libros ahí abajo. Lo he descubierto, pero reconozco que ha sido una cuestión de suerte. Todos los muros están literalmente forrados por estanterías desde el suelo hasta el techo. Sólo hay un lugar al fondo donde no ocurre esto. Es una puerta. Incluso por encima de su marco hay instaladas varias baldas repletas de libros. Salvo ese pequeño espacio no queda ni un solo palmo libre. En el centro de la sala también hay montañas de volúmenes y sobre una de esas estanterías hay una vieja escalera apoyada que debió servir a mi abuelo para alcanzar los libros de las baldas superiores.

Paso despacio y comienzo a ojear algunos tomos. Están clasificados por materias y dentro de cada una de estas secciones, por autores. Es sencillamente espectacular la cantidad de libros que hay allí dentro. Además, muchos de ellos son bastante antiguos. Hay tratados de astronomía, de filosofía, de física, de biología, de química y de un sinfín de materias más. Me llama la atención una de las baldas. No contiene libros sino un montón de carpetillas. Ojeo un par de ellas y descubro que en su interior hay folios con anotaciones. Echo un vistazo rápido por encima a la primera y observo que están llenas de bocetos, fórmulas y dibujos. Sin buscarlo, acabo de encontrar la información relativa a los aparatos que duermen en el sótano. Ahí es donde están los planos de construcción de esos artilugios y probablemente las valiosas anotaciones sobre su utilidad y funcionamiento. Tendría que examinarlo con detenimiento, pero para ello necesitaría bastante tiempo y decido posponerlo para más adelante. Dejo en su sitio la carpetilla y sigo examinando las estanterías, esta vez la parte superior. No me puedo creer que mi abuelo haya ojeado todo ese material, aunque viendo los artilugios del sótano y lo inexplicable de *El manual del viajero del tiempo,* la verdad es que no me extrañaría nada.

Me acerco poco a poco hacia la puerta del fondo. Curiosamente no tiene cerradura. La abro y descubro que al otro lado hay una escalerilla que se pierde hacia las entrañas de la casa. Abajo se adivina otra sala iluminada. Me pienso dos veces el continuar. Aquello es ya bastante insólito. Emito un bufido sopesando qué es lo peor que me podría pasar. Sin duda mi abuelo no querría que me ocurriera nada malo, pero no puedo evitar sentir una ligera sensación de miedo a lo desconocido y a lo que no puedo explicar. Y es que todo en aquella casa me parece demasiado misterioso. Tras unos segundos decido descender por la escalerilla.

No doy crédito a lo que veo cuando termino de descender. Una tablilla de madera cuelga del techo en la que se puede leer: "*Sala interactiva*". Al fondo hay un mostrador con un montón de pulsadores e interruptores y luces que vienen y van de manera regular y constante. En el centro de la sala una lona cubre algo voluminoso. Un escalofrío me recorre como un latigazo toda la espalda mientras me aproximo. ¿Qué puede haber ahí debajo? ¿Y para qué sirve esta sala interactiva? Si la mayor parte de la casa parece de una época pasada, esta sala en cambio no tiene nada que ver. Es todo lo contrario. En ese momento me doy cuenta que la tecnología es algo que ha acompañado a mi abuelo siempre, a pesar de que con toda probabilidad aparentemente no lo pareciera.

Lo que se esconde debajo de la lona es algo voluminoso. Calculo que tendrá unos dos metros de largo por uno y medio de ancho. En cuanto a la altura, fácilmente llega al metro y medio. Tiro poco a poco de la lona y dejo al descubierto un artilugio parecido a un vehículo del futuro. El material del que está hecho es resistente y transparente. En su interior se ven dos asientos y un cuadro de mandos sobre una especie de salpicadero. En el centro surge en posición vertical una pantalla de unas treinta pulgadas. A primera vista me había parecido un vehículo, sin embargo, no es así. No tiene ni volante, ni pedales, ni ruedas y además está anclado en el suelo. Por la parte inferior surgen varios tubos rígidos que se pierden en dirección al mostrador que hay pegado al muro.

Camino dando varios círculos alrededor del extraño aparato. Lo examino sin querer ni siquiera tocarlo. ¿Qué utilidad tiene? Después me acerco hasta el mostrador. El movimiento de las luces indica que algo está en funcionamiento. Podría tratarse simplemente de un estado de mantenimiento ¿Pero para mantener el qué? La verdad es que estoy bastante confundido. Cada nuevo descubrimiento en aquella casa consigue desconcertarme aún más.

Dejo todo como está y asciendo de nuevo hacia la gran biblioteca oculta hasta ahora. Intento encontrar entre los planos alguna información sobre ese extraño aparato del futuro. Me ayudaría mucho saber para qué sirve y cómo ponerlo en funcionamiento, sin embargo, tras una media hora larga sigo sin encontrar nada al respecto. Rendido por la evidencia decido volver al desván. Igual ahí arriba es donde ha guardado mi abuelo la información que busco.

Salgo de la biblioteca y acciono el mecanismo de cierre. En segundos todo vuelve a estar como hace un rato. Abandono el sótano y subo hacia el piso superior de la casa hasta llegar al desván. Empiezo a buscar información sobre la máquina que acabo de descubrir, hasta que tras un buen rato suena un pitido proveniente de mi teléfono móvil. Miro la pantalla. Es mi madre. Probablemente esté preocupada por no haberme puesto en contacto con ella, y es que desde que he llegado a esta ciudad han sucedido tantas cosas que me han conseguido que me olvidara de todo lo demás. Descuelgo.

—¿Mario, está todo bien? —escucho preguntar a mi madre.

—Sí. Todo está bien. Por lo visto el abuelo me ha dejado la casa. Es donde estoy ahora. Pasaré aquí la noche hasta mañana que emprenda el viaje de vuelta.

Tras un silencio vuelvo a escucharla.

–Bueno, era algo que ya imaginaba. ¿Te gusta la casa del abuelo? No sé si habrá cambiado mucho. Yo sigo teniendo un buen recuerdo de ese sitio, la verdad.

Parecía medir sus palabras tras haber meditado lo que iba a decir.

–Sí, me ha sorprendido un poco, pero sí, está bastante bien.

–Ahí he pasado mi infancia, pero seguro que ya no tiene nada que ver.

–No te creas –respondo sonriendo–, estoy convencido de que no ha cambiado tanto –apunto recordando la decoración antigua de la mayor parte de la vivienda.

–Bueno, pues mañana te espero. Ten cuidado y descansa –dice mi madre despidiéndose.

Cuelgo la llamada y aparto el teléfono a un lado. Me separo de la librería un par de metros. Pienso que va a ser difícil encontrar lo que busco en tan poco tiempo. Paseo por el desván hasta el telescopio y alzó la vista hacia la abertura practicada en el tejado. En poco más de una hora la noche caerá y la verdad es que tengo curiosidad por utilizarlo para ver el cielo estrellado con un mayor detalle de lo que suelo hacerlo habitualmente.

Decido entonces que lo mejor que puedo hacer hasta que llegue ese momento es leer un nuevo capítulo de *El manual del viajero del tiempo*. No recuerdo cuál era el título del siguiente, pero estoy convencido que será tan excitante como los anteriores. Me acomodo sobre la silla ergonómica y cojo el libro. Lo abro por el capítulo tres y pronuncio despacio el título mientras presiento que ese nuevo viaje me va a enseñar muchas más cosas que desconozco. Sonrío y... de nuevo ocurre.

Un paseo por el sistema solar. Evolución

Te encuentras en el espacio y tienes ante ti el azulado planeta donde vives junto a otros 8.000 millones de habitantes más. Este viaje que vas a comenzar será algo diferente a los anteriores. En la primera parte de él recorrerás nuestro sistema solar de un extremo al otro y conocerás algunas particularidades sobre los planetas que lo forman y sus satélites. En la segunda parte te trasladarás hacia adelante en el tiempo para ver cómo será su futuro cercano. ¿Estás preparado? Pues de momento vamos hacia los confines del sistema solar. Allí será donde comience verdaderamente tu viaje.

Empiezas a alejarte de la Tierra cada vez más deprisa. Desde donde estás, la esfera azul con su satélite lunar girando alrededor de ella, parece ya una pequeña canica. Pasas la órbita de Marte para después encontrarte con un cinturón de cuerpos rocosos. Es el *Cinturón de Asteroides*. Tendrás tiempo para observarlo mejor cuando regreses, pero de momento continúas en sentido contrario al Sol hacia los límites del sistema solar. Atraviesas el cinturón de asteroides y te encuentras con el planeta más grande: Júpiter. Es el primero de los planetas gigantes y gaseosos de los cuatro que están más allá del cinturón de asteroides. Te fijas cómo alrededor de él orbitan varios satélites. Continúas viajando hasta que éste desaparece y al instante surge Saturno, algo más pequeño que Júpiter. Está rodeado por un sistema de anillos muy visible. En cuestión de segundos se convierte en un punto ínfimo mientras te vas aproximando al tercer planeta más grande en tamaño del sistema solar. Urano. A la velocidad a la que viajas no te da tiempo a observarlo detenidamente, pero jurarías que has visto algo extraño en su rotación.

Así llegas al penúltimo de los planetas del sistema solar y el último de los planetas gaseosos: Neptuno. Te parece similar a Urano y aunque es cierto que tiene muchas semejanzas, hay algunas características que hacen que ambos sean diametralmente opuestos. De cualquier forma, tendrás oportunidad de verlo más adelante. Sigues tu viaje y ves cómo poco a poco te vas acercando a una pequeña bola que se hace cada vez más grande. Es extraño pues el plano de su órbita es distinto al de los demás. Es Plutón. Durante mucho tiempo se le consideró un planeta del sistema solar hasta que finalmente se le cambió la categoría a planeta enano.

A partir de aquí ya no vas a ver ningún otro planeta y aunque aún no has llegado a lo que se considera el límite del sistema solar, ya estás relativamente cerca. Sigues tu camino y te encuentras con millones de rocas y polvo estelar que orbitan también alrededor del Sol. Es el *Cinturón de Kuiper*. Lo atraviesas a la vez que te quedas asombrado por la anchura de esta estructura estelar. Abandonas el cinturón de Kuiper y aumentas tu velocidad exponencialmente hasta llegar al verdadero límite del sistema solar que además no ha sido observado por nadie ya que no emite radiación. Es la Nube de Oort y te tengo que decir que todo lo que vas a conocer sobre ella entra dentro del campo teórico, aunque está apoyado por distintas hipótesis. Aquí, y en este momento, es donde comienza realmente tu viaje.

Te preguntas antes de nada dónde te encuentras. La nube de Oort es el lugar más alejado del Sol al que tardarías en llegar un año si pudieras viajar a la velocidad de la luz. Por suerte, gracias a que eres una conciencia energética lo has hecho en menos de un minuto. Todo lo que ves a tu alrededor envuelve al sistema solar. Se piensa que su formación se remonta a su mismo origen *–hace 4.600 millones de años–* y se debe a interacciones gravitatorias entre los planetas más grandes en formación al ir estabilizando sus órbitas. Poco a poco fueron expulsando estos objetos muy lejos hacia largas órbitas más externas. La razón por la que permanecen en órbitas más o menos estables se debe a la acción de las fuerzas de marea generadas por la misma Vía Láctea. Es fácil de entender si en ese sentido te digo que la Vía Láctea actúa sobre la nube de Oort como la Luna sobre la Tierra. Al final, como ves, todo se simplifica a una compensación de fuerzas gravitatorias.

¿Pero qué es lo que hay en toda esta banda ancha y esférica que parece no tener límite? Se estima que en esta nube de baja densidad existen varios billones de cuerpos, y para que veas su inmensa magnitud te diré que las distancias entre ellos pueden ser de decenas de millones de kilómetros. La composición mayoritaria de los cuerpos que componen la nube es hielo, metano, monóxido de carbono y amoniaco. Son elementos volátiles y la causa de que se estime que en conjunto la nube tenga poca masa, aunque desde luego esto no está demostrado.

En este momento notas que algo altera la calma tensa que te rodea. Es una perturbación estelar. Observas asombrado cómo un pequeño bólido rocoso pasa a tu lado a una velocidad extremadamente alta y se pierde en dirección al Sol. Este tipo de fenómeno ha sido producido por la acción gravitacional de alguna estrella cercana o nube molecular y al igual que las mareas galácticas, son capaces de provocar que un núcleo de acreción de la nube de Oort salga disparado hacia el interior del sistema solar. Lo que acabas de ver es cómo se forma un cometa y empieza su viaje. Se precipitará hacia el Sol o describirá una enorme órbita que completará al cabo de millones de años. Son los denominados cometas de periodo largo y son totalmente impredecibles y complicados de detectar. Tras esta alteración, la estabilidad regresa a la Nube de Oort y decides entonces comenzar a moverte.

Atraviesas la Nube de Oort hasta que la abandonas. Según lo que has visto en tu viaje hasta aquí desde la Tierra, lo próximo que te vas a encontrar será el Cinturón de Kuiper y efectivamente, en unos segundos viajando a una velocidad vertiginosa tienes a la vista un anillo rocoso que gira alrededor del Sol en una órbita muy lejana. Te encuentras ahora a una distancia entre 5.000 y 8.000

millones de kilómetros del Sol. Este cinturón está compuesto por hielo y rocas de silicatos de muy diferentes tamaños *–entre 100 y 1.000 km de diámetro–*, y por encontrarse tan alejado no es fácil su estudio, aunque es fundamental para comprender mejor cómo se formó nuestro sistema solar. En esta región del espacio nacen los cometas de periodo corto que son los que describen órbitas más excéntricas y las completan en tiempos relativamente pequeños *–menos de 200 años–*. Si quieres que te de un dato curioso te diré que el cometa Halley es de periodo corto, pues tarda sobre unos 77 años en completar su órbita, pero su origen no está en el cinturón de Kuiper sino en la nube de Oort. La explicación que aportan los científicos es que tras nacer en la nube de Oort fue capturado por la atracción gravitatoria de los gigantes gaseosos como Júpiter y Saturno, de manera que quedó atrapado en el sistema solar acortándose su órbita. Con un poco de suerte quizá puedas cruzarte con él en este viaje y así puedas saber más cosas de este cuerpo celeste.

Antes de proseguir tu camino te fijas en una masa rocosa que destaca sobre las demás. Decides acercarte y descubres que alrededor orbitan varios satélites. Lo que estás viendo es Plutón y sus cinco satélites. Su tamaño y la cercanía a otros objetos de dimensiones similares a él que se fueron descubriendo progresivamente en las inmediaciones del cinturón de Kuiper, fueron los motivos por los que se le reclasificó como un planeta menor. Sientes curiosidad y desciendes hacia el interior del planeta enano. Si estuvieras aquí realmente no seguirías vivo pues además de que la mayor parte de la atmósfera está compuesta por nitrógeno, su temperatura media es de unos −230°C. La visión de una superficie en la que se ha depositado el nitrógeno, repleta de cumbres heladas y cráteres, te hace considerar que verdaderamente no es un lugar demasiado agradable, así que decides abandonarlo.

Al alejarte reparas en el tamaño de uno de sus satélites, Caronte. Es extremadamente grande. Su diámetro es algo mayor que la mitad del de Plutón. Este detalle hizo que se los considerara como un planeta doble, sin embargo, su superficie es diferente a la de Plutón. Está cubierta por agua helada y este es uno de los motivos por el que se pone en duda la teoría del planeta doble con un origen común. Otra cosa que te llama la atención es que ambos presentan siempre la misma cara el uno al otro. Esto se debe a que sus órbitas están ancladas gravitacionalmente siendo sus periodos rotacional y orbital iguales. Plutón completa su excéntrica órbita alrededor del Sol en 248 años y su periodo de rotación es de más de 153 horas. Piensas sobre ello. Todo lo que acabas de descubrir sobre Plutón te parece extraño y demasiado diferente a tu planeta. Poco a poco te alejas hasta perderlos de vista. Instantes después consigues salir definitivamente del Cinturón de Kuiper y pones rumbo hacia el interior del sistema solar. El viaje no ha hecho nada más que empezar.

Ahora que en breve vas a poder observar los primeros planetas del sistema solar y aprovechando la gran distancia que tienes que recorrer hasta encontrarte con el que circula por la órbita más externa, es el momento de que conozcas algunos datos y curiosidades sobre tu propio planeta que te servirán para poder comparar con todos los que van a salir a tu paso. Seguramente muchos de ellos ya los sabes.

En la Tierra el agua cubre más del 70% de la superficie. En ella los elementos predominantes son el hierro y el oxígeno y en menor medida el silicio y el magnesio. En cuanto a su atmósfera, el elemento principal es el nitrógeno (77%) seguido del oxígeno (21%). Es el planeta más denso de todos los del sistema solar. Gira sobre su eje dando una vuelta completa cada 24 horas, como bien sabes. Este eje está inclinado más de 23 grados sobre el plano de la órbita alrededor del Sol, lo que origina las estaciones. Tarda 365 días en completar su órbita y se encuentra a una distancia de 150 millones de kilómetros del Sol, lo cual significa que viajando a la velocidad de la luz como lo hace un fotón, se tardaría en recorrer esa distancia unos ocho minutos y veinte segundos. Lógicamente es lo que tarda en llegar hasta nosotros la luz emitida por el Sol.

El diámetro de la Tierra es de unos 12.700 km y su perímetro, o la distancia que habría que cubrir para circunnavegarla entera, es de 40.000 km. En el hipotético caso de que se quisiera recorrer el globo a la altura del Ecuador pudiendo caminar sobre el agua y sin parar, a una velocidad de 5 km/h, se necesitarían 345 días para lograrlo. La mayor hazaña en este sentido que se ha llevado a cabo, fue dar la vuelta al mundo en avión, sin hacer escalas ni repostar, en un tiempo de 67 horas y a una velocidad de unos 500 km/h. Sin lugar a dudas es todo un logro del ser humano, aunque en cuestión de velocidad es evidente que nada puede superar al fotón que sería capaz en un segundo de dar 7 vueltas y media a la superficie terrestre, algo bastante extraordinario.

Estos pocos datos te ayudarán a comparar con las dimensiones o características de otros planetas. De hecho, el primero lo tienes ya muy cerca. Lo ves aparecer mientras disminuyes tu velocidad hasta que te sitúas a pocos cientos de kilómetros de su órbita. Estás a 4.500 millones de kilómetros del Sol y tienes delante a Neptuno.

Hay dos cosas que te llaman poderosamente la atención. La primera es su tamaño y es que ciertamente su diámetro es casi cuatro veces el de la Tierra. No obstante, si te parece grande espera a ver al gigantesco Júpiter. Te aseguro que a su lado Neptuno te parecerá pequeño. La segunda es su color y para entender mejor el por qué de su azul intenso te acercas hasta las capas altas de su atmósfera. El gas predominante es hidrógeno (80%) seguido de helio y de metano. Éste último está presente en pequeña proporción, aún así, es precisamente el metano atmosférico lo que le da el color azul a neptuno, ya que es capaz de absorber radiaciones de amplias longitudes de onda en la franja del espectro del rojo e infrarrojo, reflejando el color azul.

Lo que ves desde allí, entre nubes de hidrógeno, helio y amoniaco, es una superficie helada llena de cráteres, por lo que decides volver al espacio para tener una visión algo más agradable. Además, no te das cuenta, pero la temperatura es bastante baja, más de −200°C y por si fuera poco estas en medio de vientos que alcanzan los 2.000 km/h. Sí, definitivamente sales disparado hasta conseguir alejarte varios cientos de kilómetros. El frío y oscuro espacio te parece ahora incluso más confortable.

Observas cómo la órbita que describe es muy abierta, y es que Neptuno tarda 165 años en dar una vuelta completa alrededor del Sol *–frente a nuestros 365 días–*. Si te paras a pensarlo te das cuenta que en el caso de que un ser humano pudiera vivir en Neptuno, en el tiempo que dura su existencia, este planeta sólo recorrería la mitad de su órbita. En cuanto a su rotación la completa en 16 horas, es decir su día es más corto que un día terrestre. Su atracción gravitatoria es algo mayor que la de la Tierra y al contrario que nuestro planeta que sólo tiene una luna, Neptuno tiene 14 satélites. Según te vas alejando observas cinco anillos a su alrededor y piensas que la Tierra es bastante diferente a Neptuno y que previsiblemente te vas a encontrar con muchas cosas aún más sorprendentes en lo que te queda de viaje.

Te mueves a gran velocidad hasta que en unos segundos ves aparecer otro enorme planeta ante ti. Es Urano. Te recuerda a Neptuno en tamaño y también en su color azulado, aunque éste es algo más apagado. Ahora mismo estás a unos 2.800 millones de kilómetros del Sol y aún te asombras de lo fácil y rápido que te puedes mover a tu antojo. Sonríes pensando lo maravilloso que sería el poder hacerlo en el mundo real.

Son muchas las semejanzas que tiene Urano con Neptuno en cuanto a sus características físicas, tamaño, composición de la atmósfera, temperatura e incluso clima, aunque las pocas diferencias que hay son muy notables. Existen 27 satélites girando alrededor de él y posee 13 anillos que se hayan visto hasta el momento. El diámetro de Urano es algo mayor que el de Neptuno, en cambio la atracción gravitatoria es menor incluso que la de la Tierra. Completa su órbita alrededor del Sol en 84 años, por lo que, con suerte, un ser humano podría vivir una vida entera en el tiempo en que Urano da una vuelta completa. El tiempo que dura un día es de unas 17 horas, aún lejos de nuestras 24 horas. Pero sin duda lo que lo convierte en un planeta peculiar es su rotación. De hecho, recuerdas que cuando pasaste cerca de él en tu viaje hacia la Nube de Oort, algo te llamó la atención.

Te aproximas para examinarlo mejor y te das cuenta al momento. Urano no gira sobre su eje como Neptuno, sino que lo hace en sentido contrario, y no sólo eso, además este eje de rotación está inclinado unos 98° hacia el plano del sistema solar. Es decir, su eje apunta hacia el Sol, como si estuviera *tumbado* sobre el plano. Aparentemente es como si fuera rodando mientras se desplaza alrededor del Sol. No entraré en más detalles, pero es posible que te encuentres con una situación similar más adelante. La explicación teórica más aceptada es que esta inclinación fue provocada por fuertes choques protoplanetarios durante la formación del sistema solar. Esto afecta de forma evidente a sus estaciones que abarcan periodos de 42 años. Todas sus lunas y anillos están sujetos a esta inclinación, lo cual hace que este conjunto planetario sea único en el sistema solar, al menos hasta el momento.

Definitivamente crees que tu capacidad de asombro se ha visto superada al descubrir las particularidades de Urano y ya no te extrañaría nada ver cosas aún más singulares en tu viaje. Abandonas sus inmediaciones y te alejas hacia la órbita del siguiente planeta, mientras vas imaginando cómo tuvo que ser el proceso de formación del sistema solar. Sin duda debió de ser todo muy caótico y violento.

Según vas avanzando a velocidades vertiginosas a través del oscuro y frío espacio, va surgiendo de la nada una enorme esfera rodeada de anillos y de multitud de satélites que giran alrededor de él. Es Saturno. Si Neptuno y Urano te parecieron gigantescos, Saturno supera a ambos. Su diámetro es más de nueve veces el de la Tierra. Realmente es descomunal. Te encuentras a unos 1.400 millones de kilómetros del Sol admirando este gigante gaseoso que gira rápidamente sobre su eje, de hecho, hace un giro completo en unas once horas. Tarda en recorrer su órbita alrededor del Sol algo más de 29 años y si te fijas bien, verás que está achatado por los polos debido a su alta velocidad de rotación y a su baja gravedad –*menor que la de la Tierra*–, en relación a su masa. También es provocado por su naturaleza fluida, ya que la composición mayoritaria de Saturno es hidrógeno y algo de helio.

Sorteas algunos de sus más de 80 satélites y te dejas caer en el interior del planeta. Los vientos aquí pueden llegar a los 1.800 km/h y la temperatura es de unos −140°C. Te acercas hacia la superficie, aunque te extrañas al no encontrar una línea evidente que sirva de límite a esa atmósfera y es que en Saturno no existe una superficie sólida. Según te vas acercando hacia el núcleo, la atmósfera se vuelve más densa hasta hacerse líquida. Es una sensación extraña que te causa cierta desconfianza así que decides volver otra vez al espacio exterior.

Antes de atravesar por completo todos sus anillos te detienes para examinarlos mejor. Saturno es el último planeta que podemos observar a simple vista desde la Tierra y es muy conocido y estudiado por su sistema de anillos. Ves que están formados por partículas de hielo y material rocoso. Su extensión abarca unos 70.000 kilómetros, aunque su espesor no supera el kilómetro. Se encuentran distribuidos en zonas de mayor y menor densidad y entre ellas hay divisiones claras. Te acercas hasta una de ellas donde parece no haber nada, en cambio te das cuenta de que no es un espacio vacío ya que sí que hay material, pero mucho menos denso. La causa de esa escasez es por algo que ya conoces: influencias y resonancias gravitatorias de cuerpos cercanos.

Te alejas ahora unos cientos de miles de kilómetros para ver mejor aquel gigante y sus anillos, acompañado de sus satélites. Reparas ahora en que todos los planetas que has visto hasta el momento, a pesar de tener un origen común poseen unas características y peculiaridades propias, lo cual hace que todo te parezca aún más hermoso. Pero es el momento de continuar el viaje, pues todavía te queda mucho por ver. Así que te lanzas de nuevo a gran velocidad hacia zonas más internas del sistema solar.

Hasta este momento, Saturno ha sido el planeta más grande por el que has pasado, y digo hasta este momento porque lo que aparece delante de ti, tiene un tamaño aún mayor. Se trata de Júpiter, el último planeta gaseoso de los cuatro planetas exteriores que has visitado. Está a unos 780.000 millones de kilómetros del Sol y te parece verdaderamente exorbitante. Su diámetro supera en más de once veces el de la Tierra y su masa es 318 veces mayor que la de nuestro planeta y tres veces mayor que la de Saturno. Como dato curioso te diré que algunos investigadores apuntan a que es incluso más antiguo que el sol y que pudiera considerársele como una "estrella fracasada", pero en este sentido aún queda mucho por estudiar sobre su origen y formación para hacer esa afirmación.

Júpiter tiene un diámetro de 138.000 km –*recuerda que el de la Tierra era de 40.000 km*–, y ocupa el mismo espacio que 1.321 veces el planeta Tierra. Aunque por el tamaño no puedes percibir si la rotación sobre su eje es rápida o no, debes saber que de todos los planetas del sistema solar Júpiter es el que gira más rápido. Los días aquí duran tan sólo unas diez horas. Esta velocidad junto a su naturaleza gaseosa hace que tenga forma achatada –*al igual que ya viste en Saturno*–. Por este motivo no gira a la misma velocidad en distintos puntos del planeta, de hecho, en las zonas próximas a los polos llega a girar hasta cinco veces más rápido que en el ecuador. Su eje de rotación tan sólo está desviado 3° por lo que no existen estaciones.

Ves un montón de cuerpos orbitando alrededor de él. Son satélites o lunas, algunas bastante conocidas porque han sido objeto de estudio, como Europa, Ganímenes o Ío. Se han descubierto cerca de 80 y cada una tiene unas características concretas, pero es algo que no vas a poder examinar, al menos no en este viaje, puesto que aún te queda mucho camino que recorrer. Júpiter completa su órbita alrededor del Sol en unos 12 años, lo que quiere decir que un ser humano con una gran longevidad podría vivir el mismo tiempo que tarda Júpiter en dar ocho vueltas alrededor del Sol.

Decides internarte en su atmósfera para comprobar a qué se debe la extraordinaria combinación de colores que ves desde donde estás. Lo que te encuentras, desde luego, no es nada estimulante, sino más bien desalentador. La temperatura sigue siendo baja, aunque algo menos en comparación con los otros planetas que has visitado, $-150°C$, sin embargo, la actividad en la atmósfera es muchísimo más acusada. Está compuesta mayoritariamente, al igual que los demás planetas gaseosos, por hidrógeno, helio y metano, aunque aparecen también otros elementos como amoníaco, oxígeno, nitrógeno o gases nobles en proporciones relativamente grandes.

Notas que una fuerza tira de ti hacia abajo. Es su atracción gravitatoria, la mayor de todos los planetas del sistema solar, cerca de 23 m/s *–la de la Tierra es 9.8 m/s–*. Sientes curiosidad por saber más sobre esto y decides dejar para más adelante el examinar la atmósfera con más detalle, así que desciendes en dirección al núcleo del planeta. Según lo haces, la presión va aumentando hasta que llega un momento que el hidrógeno atmosférico pasa a un estado líquido formando océanos. Cuanto más te acercas al núcleo la presión va siendo aún mayor lo que provoca que el hidrógeno pase después a un estado denominado *hidrógeno metálico.* Esta capa que rodea a un núcleo rico en hierro y silicatos, actúa como un conductor eléctrico y es precisamente lo que origina la fuerte atracción gravitatoria. Te concentras para alejarte de allí y escapar de esa fuerza que no te deja marchar fácilmente y asciendes por fin de nuevo a la atmósfera para poder examinarla, que era en realidad para lo que habías abandonado el espacio.

A tu alrededor ves cómo nubes de amoníaco y agua se mueven entre capas de hidrógeno. Lo hacen distribuidas en franjas debidas a la acción de las distintas presiones según asciendes por la atmósfera. Forman además una amplia gama de colores que es lo que viste al observar el planeta por primera vez. Miras a lo lejos. Algo se acerca. Lo hace rápidamente, y es que los vientos en la atmósfera de Júpiter pueden alcanzar los 1.400 km/h. Lo que estás viendo es la formación de una gran tormenta entre dos franjas atmosféricas. Esas zonas están sometidas a enormes turbulencias que originan fenómenos aún más peligrosos y devastadores. Lo observas mientras te vas alejando en dirección a las capas más externas, ya que, a decir verdad, no te apetece nada estar inmerso en un fenómeno semejante. Estás en lo cierto al pensar en la magnitud de estas tormentas ya que pueden durar hasta cientos de años al no haber realmente una superficie que sirva de obstáculo. De hecho, existe una de ellas denominada *Gran Mancha Roja* que se cree que tiene una existencia de más de 300 años y una extensión próxima a 25.000 km. Todo lo que has visto en Júpiter te parece demasiado desmesurado y consideras que ha llegado el momento de continuar tu viaje. Te alejas de este increíble sistema planetario preguntándote cómo será el próximo planeta que te vas a encontrar.

Tras unos instantes viajando por el espacio, te sale al paso algo que no esperabas. No es un planeta, aunque en parte ya lo conoces. Recuerdas que tuvo su protagonismo en la formación del sistema Tierra–Luna. Es el cinturón de asteroides.

Lo atraviesas mientras te preguntas cómo se formó. Habría que remontarse a los orígenes del sistema solar. La teoría más aceptada es que se originó cuando la nebulosa primitiva colapsó. Al igual que se formaron planetas por interacciones gravitacionales y acreción de materiales a lo largo del transcurso de miles de años, también en zonas más alejadas se establecieron restos dispersados en órbitas cercanas, que con el paso del tiempo llegaron a ser más o menos estables. No obstante, se cree que la mayoría de los asteroides fueron lanzados fuera del sistema solar y quedó sólo un 0.1% que es lo que forma la región que estás terminando de atravesar.

En su composición el hierro y el níquel son los elementos predominantes y se ha llegado a calcular que existen alrededor de 960.000 asteroides. Sin embargo, en el conjunto formado por los cinco más grandes está contenida más de la mitad de la masa de todo el cinturón. Ceres es del mayor tamaño y su masa es un tercio de la masa total del cinturón; fue catalogado como planeta enano y ha podido ser observado desde la Tierra incluso con unos prismáticos, junto a Vesta, el segundo más grande de todos.

Dejas atrás el cinturón de asteroides y de nuevo pones rumbo hacia el Sol. Tras unos segundos aparece otro planeta ante ti. Es el más pequeño de los que has visto hasta ahora y su tono rojizo lo delata. Es Marte.

Estás a unos 230.000 millones de kilómetros del Sol. De todos los planetas del sistema solar, Marte es el segundo de menor tamaño después de Mercurio. Su diámetro es aproximadamente algo más de la mitad que el de la Tierra. Según te vas acercando, ves que hay dos satélites orbitando alrededor del planeta. Cuando estás muy próximo a ellos descubres que se trata de dos asteroides irregulares. Sus nombres son Fobos y Deimos y ambos provienen del cinturón de asteroides que acabas de atravesar y fueron capturados por la órbita del planeta rojo.

Marte tiene algunas similitudes con la Tierra. Rota sobre su eje en algo más de 24 horas y la inclinación sobre el plano de su órbita es de 25° *–dos grados más que nuestro planeta–*, lo que origina la sucesión de estaciones. Completa una órbita alrededor del Sol en casi dos años. Te adentras en su atmósfera recordando las numerosas películas de ciencia–ficción que has visto. Tienes curiosidad por saber cuánto difieren de la realidad. Lo primero que notas es que la velocidad del viento no es tan acusada como en los otros planetas que has visitado, pero aquí el efecto de las tormentas de arena o de aire puede llegar a ser devastador por la baja densidad atmosférica. Esto además provoca que exista una pérdida de atmósfera que escapa hacia el espacio exterior. Tampoco percibes que haya tanta cantidad de gas en forma de hidrógeno, y es que ya no estás en un planeta gaseoso, sino rocoso. En su atmósfera abunda sobre todo dióxido de carbono (95%), muy poco nitrógeno y algo de argón, además de agua, oxígeno y metano en menores cantidades.

Desciendes hasta la superficie. Es la primera vez que lo haces en tu viaje porque antes ni siquiera has tenido esta posibilidad. Aquí la atracción gravitatoria no es tan acusada como en la Tierra, pues básicamente es una tercera parte. La superficie está salpicada de cráteres y canales y divisas a lo lejos lo que podía haber sido un enorme lago en tiempos pasados. Aún teniendo una temperatura más alta que los planetas exteriores, no es adecuada para la vida humana y es que sigue siendo un planeta frío, con una temperatura media de unos −50°C.

Decides ascender de nuevo. Lo poco que has visto es prácticamente como te lo habías imaginado. Sonríes en tu camino hacia el espacio exterior cuando miras buscando uno de los famosos rovers que se han enviado allí y que sin duda están en algún punto del planeta consiguiendo muestras o haciendo mediciones. Marte es el único planeta habitado por ingenios robóticos fabricados por el ser humano y se le considera en principio como uno de los candidatos para albergar vida humana en un futuro cercano.

Una vez en el frío espacio continúas tu viaje hacia el centro del sistema solar. Sabes con qué te vas a encontrar ahora. Tienes una sensación extraña cuando un pequeño punto se hace cada vez más grande según avanzas. Al fin se hace visible en todo su esplendor. Es la Tierra, el planeta azul y desde luego el más hermoso que has visto hasta el momento. Piensas si es fruto del azar que tu planeta esté justo en la zona de habitabilidad donde la radiación emitida por el Sol permite que exista agua en estado líquido y se hayan dado todas las circunstancias para que evolucione la vida en él. Te detienes para admirar su belleza mientras reflexionas sobre ello y es que no son pocas las vicisitudes por las que ha tenido que pasar la Tierra hasta llegar hasta ese momento del espacio y del tiempo.

La dejas atrás poco a poco y aumentas tu velocidad hasta llegar a las inmediaciones de otro de los planetas del sistema Solar. Venus. Te encuentras ya a 108.000 millones de km del Sol.

El diámetro de Venus es aproximadamente como el de la Tierra, y su fuerza gravitatoria similar, sin embargo, existen diferencias notables entre ellos. Venus tarda 225 días en dar una vuelta completa alrededor del Sol, pero en cambio su velocidad de rotación es muy lenta, de hecho, gira sobre su eje en 243 días frente a nuestras 24 horas.

Además, el sentido de rotación es retrógrado, es decir, rota en sentido contrario a como lo hace la Tierra y la mayoría de los planetas. Si recuerdas, ya viste un planeta que tenía esta particularidad; estaba inclinado respecto a su eje unos 98° y descansaba sobre el plano de la órbita dando la sensación de que "robada" sobre ella al desplazarse alrededor del Sol. Era Urano. En el caso de Marte su eje está inclinado unos 178°, de forma que se podría decir que está "boca abajo".

Te aproximas para atravesar su atmósfera y descender hacia su superficie. Lo primero que notas es que la temperatura es mucho más alta, tanto que la vida es totalmente inviable allí. Su temperatura media es de 460°C, lo que le convierte en el planeta más caliente del Sistema Solar. Está salpicado por algunos cráteres fruto de impactos de cuerpos celestes, aunque lo que predomina en su superficie es lava enfriada, lo que hace presuponer que en un pasado ha debido de tener gran actividad volcánica. Su presión atmosférica en superficie es 10 veces mayor que la de la Tierra, como dato curioso te puedo decir que, si te sumergieras en un océano de la Tierra a una profundidad de un kilómetro, la presión a la que estarías sometido sería igual a la que se ejercería sobre ti en la misma superficie de Marte.

Te desplazas a las capas medias de la atmósfera donde los vientos pueden llegar a tomar una velocidad de 300 km/h. Está formada por altas cantidades de dióxido de carbono y muy bajas de nitrógeno. Esto provoca un enorme efecto invernadero que atrapa el calor haciendo aumentar la temperatura enormemente. El denso mar de nubes que te rodea impide que la radiación solar llegue apenas a la superficie y en este sentido se cree que si no existiera efecto invernadero la temperatura en superficie podría ser parecida a la de la Tierra. Pero en la atmosfera también hay ácido sulfúrico y dióxido de azufre que provoca una lluvia ácida de altísima toxicidad para un ser humano. Piensas que decididamente Venus sigue siendo un lugar peligroso al igual que todos los que has visitado, aunque no por los mismos motivos.

Decides continuar tu ascenso hasta abandonar las capas altas de la atmósfera para proseguir tu viaje. Realmente sí que tienen parecidos Venus y la Tierra, pero las diferencias son insalvables en el caso de que la humanidad se planteara poner el foco en él con la finalidad de establecer algún tipo de asentamiento humano. Te desplazas cada vez más rápido observando cómo Venus desaparece poco a poco en la inmensidad del espacio hasta hacerse un punto lejano. Y de nuevo te encuentras sólo en el oscuro espacio estelar.

Unos instantes después surge otro planeta, en este caso es mucho más pequeño. Es el último que te queda por visitar. Es el más cercano al Sol, pero no por ello el más caliente. Es Mercurio. Te encuentras a una distancia de unos 58 millones de kilómetros.

A simple vista y a la vez que te viene a la memoria el gigantesco Júpiter, Mercurio te parece muy pequeño. Ciertamente lo es. Su diámetro es algo mayor que el de nuestra Luna y de hecho te recuerda en parte a ella. Es por los miles de cráteres que salpican su superficie debidos a los innumerables impactos de asteroides y meteoritos.

Pero lo más peculiar de Mercurio es su órbita. Al ser el planeta más cercano al Sol, la completa en tan sólo 88 días. Es la más excéntrica de todos los planetas del sistema solar, lo que combinado con la rotación sobre su eje *–da una vuelta completa en 59 días–*, provoca que existan complejas variaciones de temperatura entre puntos lejanos de su superficie. Así, llega a tener picos extremos de temperaturas de 450°C y de –170°C. Esta, junto con la falta de gases atmosféricos que retengan la radiación solar, es la causa por la que Mercurio no es el planeta más caliente a pesar de estar en la órbita más cercana al Sol. De hecho, hay hielo en el interior de cráteres profundos y en zonas no expuestas directamente a la luz solar.

Te dejas caer hasta situarte a varios kilómetros sobre su superficie. Te sigue recordando demasiado a la Luna y es que apenas hay una capa delgada formando una casi inapreciable atmósfera. Si llegaras hasta su núcleo verías que éste es rico en hierro y ocupa gran parte del planeta *– un 42% del volumen total, frente al 175 que ocupa en la Tierra–*, lo que le confiere una gran densidad.

De todos los planetas que has visitado, no sabes por qué, pero Mercurio te parece uno de los más extraños. Sales disparado de nuevo hacia el espacio con tu objetivo puesto en la última parada: el Sol.

A estas alturas, y gracias a tus viajes anteriores, ya sabes bastantes cosas sobre el denominado Astro Rey.

Conoces cómo se fue formando a partir de una nube molecular y también que está consumiendo hidrógeno constantemente *–quema cada segundo 600 millones de toneladas de hidrógeno–*. El proceso se produce a través de reacciones de fusión nuclear formando helio y desprendiendo energía en forma de luz y calor. Para que te hagas una idea del tamaño de esta estrella debes saber que su diámetro es 109 veces el de la Tierra y tiene un volumen 1.300.000 veces mayor que nuestro planeta. La proporción del aumento de su masa respecto a la Tierra no la mantiene al hablar del volumen ya que el Sol es menos denso y sus capas externas son gaseosas, por consiguiente, ocupan más espacio, pero sin aumentar su masa. Esta masa es 333.000 veces la masa de la Tierra. En cuanto a su temperatura, en el núcleo de la estrella puede superarse los 15.000.000°C, mientras que su superficie alcanza los 5.500 °C.

Sin duda las cifras son demasiado grandes, no obstante, el poder comparar con las características de nuestro planeta hace que se tenga una idea aproximada de su enorme magnitud. Ahora mismo se considera que el Sol está en el ecuador de su vida y que en unos 5.000 millones de años se acabará su combustible. Lo que ocurra después es previsible gracias a la observación de otras estrellas similares en el universo.

Si recuerdas, desde el comienzo de este viaje sabías que estaba dividido en dos partes. La primera la acabas de concluir al llegar al Sol después de haber recorrido todo el sistema solar y la segunda, muchísimo más breve, te va a llevar a descubrir cuál es su futuro. Sí es importante recalcar que lo que vas a ver está sujeto a hipótesis teóricas, aunque son suposiciones válidas por haber sido observadas en otros rincones del universo con estrellas similares en diferentes tiempos de evolución.

Para conocer cuál va a ser el futuro del sistema solar vas a alejarte de nuevo hasta los confines del universo, más allá de Neptuno y cerca del cinturón de Kuiper. Es un lugar privilegiado para divisar todo según van transcurriendo los años a velocidades vertiginosas. Vamos a partir de la época actual. Te concentras para no perder detalle y de pronto comienza a suceder. El tiempo se acelera y observas cómo todos los planetas van recorriendo sus órbitas alrededor del Sol cada vez más deprisa. Ver este baile estelar es sobrecogedor e intentas disfrutar de aquello mientras puedes, porque imaginas que muy pronto algo no demasiado agradable acabará pasando. Y estás en lo cierto.

Los años van transcurriendo a rapidísima velocidad a la vez que notas cómo el brillo y el tamaño del Sol van aumentando. La radiación solar sobre la Tierra es cada vez mayor provocando un aumento progresivo de la temperatura, sin embargo, el momento dramático en el que se empieza a extinguir la vida ocurre justo ahora: han pasado 600 millones de años. Debido a la intensidad de la radiación solar se produce una precipitación del dióxido de carbono sobre las rocas terrestres provocando una disminución de éste en la atmósfera y ocasionando a su vez que este déficit afecte a las especies que dependen de él para culminar su ciclo fotosintético. Como consecuencia dejan de existir. A partir de este momento los acontecimientos se precipitan en cadena. Al perecer la vida vegetal, hay menos oxígeno en la atmósfera, lo que provoca una mayor radiación y por lo tanto gran parte de la superficie terrestre se convierte en un desierto. Los pocos seres vivos que quedan se refugian en los océanos, donde hace miles de millones de años surgió, curiosamente, la vida.

El tiempo sigue pasando de forma inexorable. Estás a 1.200 millones de años. El agua de los océanos se evapora y la vida en la Tierra de organismos complejos desaparece. Pueden sobrevivir organismos microscópicos aislados en reductos dispersos que igualmente están condenados a la extinción en unos pocos millones de años. Tras 1.300 millones de años y debido a que la intensa radiación solar sigue aumentando, Marte se encuentra en la zona de habitabilidad, es decir, es capaz de mantener agua el estado líquido, lo cual puede originar vida si se sumaran otro tipo de circunstancias como bien sabes. En este momento la temperatura en la Tierra es superior a 100°C.

Transcurren muchos más años en cuestión de segundos. Estás ahora a 3.500 millones de años. Te fijas en la esfera que ha sido en el pasado tu hogar y la ves de color rojizo. Te recuerda a Venus, y es que en este momento está sujeto a las mismas condiciones que cuando descubriste ese planeta rocoso en la primera parte de este viaje, e incluso más acusadas en algunos aspectos. La Tierra tiene una temperatura en superficie de más de 1.000°C.

Desvías un momento tu atención hacia otro punto en el universo. Ves dibujarse un movimiento estelar que no entiendes, mientras nuestro Sol sigue quemando hidrógeno dentro de su secuencia principal. Parece como si miles de estrellas y polvo estelar se movieran hacia tu posición para luego alejarse. Lo que estas observando es algo que ocurre tras 4.500 millones de años. Es el impacto de la galaxia de Andrómeda con la Vía Láctea. Pero no te preocupes, porque gracias a la gran amplitud existente entre las estrellas y los sistemas estelares no influirá en lo que está pasando aquí, en un brazo de nuestra galaxia. Siendo testigo de todos los fenómenos que estás observando sé que no te sirve de consuelo, sin embargo, de estar el sistema solar situado en un punto más cercano del centro de nuestra galaxia quizá la situación sería, si cabe, mucho más complicada.

Ahora el combustible del Sol se va agotando. Cada vez queda menos hidrógeno de forma que tras 5.500 millones de años del momento de partida, el Sol ya ha salido de su secuencia principal agotando todo el hidrógeno y sucede un fenómeno denominado *flash de helio* en su evolución hacia convertirse en una gigante roja. Es algo imperceptible que no notas desde donde estás, ya que además ocurre en un lapso de tiempo muy breve, sin embargo, sus efectos son devastadores y esos sí que son visibles desde aquí.

Al agotarse el hidrógeno del núcleo éste se va contrayendo a la vez que aumenta la temperatura y se acumula helio. Con el paso del tiempo el helio se va convirtiendo en materia degenerada y gracias a la presión cuántica que se genera y que es capaz de contrarrestar la fuerza gravitatoria, la estrella no llega a colapsar. De esta forma el núcleo se va calentando cada vez más hasta que el helio se empieza a quemar provocando una fusión descontrolada en muy poco tiempo. Como consecuencia se libera una enorme cantidad de energía mientras el núcleo comienza a contraerse de nuevo a la vez que la estrella se expande. En este proceso, cuyo resultado tú lo ves como una expansión solar, se ha conseguido fusionar el 6% de helio de la estrella formando carbono y oxígeno y es cuando el Sol llega a alcanzar su mayor luminosidad y tamaño, pues su radio ha aumentado hasta 256 veces su valor actual.

Han transcurrido 7.800 millones de años y la Tierra ha dejado de ser hace tiempo el planeta azul que conocías para convertirse en un mar de lava con temperatura en superficie de más de 2.000°C. Te fijas cómo la expansión del Sol engulle a Mercurio y después a Venus. La radiación y el efecto de un Sol moribundo llegan también a la Tierra y muy probablemente a Marte. Sólo algunas lunas de Júpiter y Saturno se encuentran ahora en la zona de habitabilidad con temperaturas compatibles para albergar vida. Si existirá o no, desde luego a día de hoy es todo un misterio y algo que nunca sabremos.

Pero el tiempo sigue avanzando y el Sol ha dejado de ser ya una enana roja. Continúa contrayéndose y enfriándose. A su núcleo de carbono y oxígeno lo va rodeando una capa donde el helio se va fusionando. Como consecuencia vuelve a aumentar su temperatura de nuevo, aunque no lo hace lo suficiente como para que se produzca la fusión del carbono y del oxígeno. Esto provoca innumerables emisiones de las capas más externas. Es lo que se conoce como pulsos térmicos. A la vez que la estrella va perdiendo capas, se contrae calentándose e ionizando el gas circundante originando en última instancia una nebulosa de emisión que envuelve a un remanente estelar de carbono y oxígeno, y lo que fue nuestro Sol en el pasado. Se ha convertido en una enana blanca.

Todo este proceso ocasiona grandes alteraciones en lo que queda del Sistema Solar, de forma que las órbitas de los planetas que no han sido afectados directamente por la expansión del Sol en su proceso evolutivo hacia su muerte, dejan de existir sencillamente porque las fuerzas gravitatorias que antes había ya no existen tampoco. De hecho, ves según avanzamos aún más, cómo los planetas gaseosos se pierden a la deriva en el espacio. Su destino es incierto, pudiendo entrar en colisión con algún cuerpo estelar o deambular sin rumbo ninguno durante millones de años hasta ser afectado por algún otro sistema planetario.

Te preguntarás en qué se convierte finalmente la estrella que ha sido el eje de todo el Sistema Solar. El sol, o más bien lo que queda de él, es ahora una enana blanca con altísimas temperaturas, pero sin opción a consumir energía alguna. En un lapso de tiempo inmensamente grande irá enfriándose gradualmente hasta que deje de emitir radiación detectable. Se habrá convertido entonces en una enana negra. ¿Qué características tendrá? ¿Cómo será? Nadie lo sabe y es que ciertamente una enana negra es un objeto hipotético puesto que el universo no es lo bastante viejo como para poder haber detectado una.

Te sientes abrumado por todo lo que has contemplado. El desánimo te ha invadido al descubrir que apenas somos nada en el Universo. Sin embargo, mayor motivo tienes para dirigir tu vida hacia donde quieres que vaya en el momento presente, el que te ha tocado vivir. Dejas de reflexionar sobre ello y te dispones a regresar. Seguro que aún te quedan muchas cosas por ver. Te concentras y en un instante estás de nuevo delante de la hermosa esfera azul que ya conoces. En tu rostro se dibuja una sonrisa. Respiras hondo y cierras los ojos. Entonces... tu viaje termina.

Un vistazo a las estrellas

De nuevo vuelvo a estar en el desván. Inmediatamente busco en *El manual del viajero del tiempo* el tercer capítulo y confirmo lo que ya suponía. Aparece escrito y de ahí en adelante todo está en blanco. Ya no me pregunto cómo mi abuelo ha logrado conseguir ese efecto. Quizá lo explicaría todo si realmente esto es parte de un largo sueño. No lo sé. Lo que sí reconozco es que desde que atravesé la puerta de su vivienda me siento diferente, como parte de un todo. Ha conseguido que en mi interior se despertara algo que seguramente llevaba tiempo dormido: la curiosidad. También mi interés por conocer más cosas del mundo que me rodea, sin duda, ha aumentado. De hecho, lo único que quiero es terminar, al menos, ese primer tomo antes de tener que irme de aquí.

Dejo el libro sobre la caja donde está el resto de tomos y me levanto de la silla ergonómica para aproximarme al telescopio que descansa justo debajo de la apertura practicada en el tejado. Ya ha anochecido. Observo a través del objetivo. Está orientado hacia el cielo estelar, cerca de la Luna. Lo muevo sensiblemente hasta conseguir que el satélite entre en mi campo de visión y la observo. Me parece impresionante ver algunos de sus cráteres con tanta luminosidad y detalle. Me quedo un rato delante del aparato moviéndolo muy despacio buscando sin saber realmente el qué.

Sé que he aprendido mucho con lo que llevo avanzado de este primer tomo de la colección de mi abuelo, sin embargo, creo que apenas tengo conocimientos sobre el universo. Me gustaría seguir descubriendo muchas más cosas, pero lo que sí me ha quedado muy claro es que sé que nuestro tiempo es finito y debemos aprovecharlo. No quisiera marcharme tampoco sin descubrir para qué sirve la máquina que se encuentra más allá de la biblioteca oculta tras los muros del sótano.

Me aparto del telescopio y cojo de nuevo el *Manual del viajero del tiempo*. Pero esta vez en lugar de quedarme en la silla ergonómica me dejo caer en el imponente sofá de dos cuerpos. Paso las páginas hasta dar con el principio del capítulo 4. Ya sólo leer el título me provoca cierta inquietud. *"Teorías sobre el final del Universo"*. Sé que lo más probable es que aquello no acabe bien, aún así... ¿qué importa? En unos 1.000 millones de años la vida casi se habrá extinguido en la Tierra y de todas formas mi existencia *—suponiendo que llegue a vivir unos 90 años—*, ni siquiera significa un 0.000009% de esos 1.000 millones de años. Realmente nuestra existencia es muy efímera. Somos parte de algo en constante evolución que no podemos controlar.

Releo el título de nuevo y respiro hondo. Durante un instante todo se vuelve oscuro a mi alrededor. Después reconozco enseguida mi nueva situación. Por suerte, ya no me pilla desprevenido.

El futuro del universo

Esta vez algo distinto ha ocurrido. Me encuentro totalmente a oscuras flotando en algún lugar. El silencio es desolador. Normalmente cuando nos enfrentamos a lo desconocido nos suele entrar una sensación de angustia. La mayoría lo calificamos como miedo. Es lo que empiezo a sentir en este momento. Espero unos segundos a que la voz que me ha acompañado en mis viajes anteriores surja como por arte de magia. Pero no lo hace. ¿Dónde está mi guía? ¿Qué está ocurriendo?

Puedo moverme. De hecho, consigo desplazarme hacia donde quiera, aunque no tengo ninguna referencia para saber si lo hago en un sentido o en otro o hacia arriba o hacia abajo. ¿Estoy en un lugar muy amplio o por el contrario me encuentro encerrado dentro de algo cuyos límites desconozco? ¿Qué sentido tiene esto?

Si lo primero que me ha invadido ha sido una sensación de desconfianza que ha desembocado en miedo, ahora lo que siento es tristeza. Una vez superado el temor a lo que no puedo explicar con la lógica, mi ánimo se viene abajo, es como si me hubieran arrebatado la energía vital. Supongo que me ocurre porque no veo una salida a esta situación. Seguramente antes de llegar a esto, he sentido durante un instante impotencia e ira, pero ahora ya únicamente siento tristeza.

De repente, por fin algo ocurre. Varios leds dispuestos aparentemente de forma aleatoria en el espacio empiezan a emitir una luminosidad que va aumentando poco a poco. Es suficiente para saber cómo es el lugar donde me encuentro y confirmar en unos segundos que los leds están estratégicamente colocados. Estoy en una habitación cuadrada y cada led está en una esquina. En total hay ocho. Cuando llegan a cierta intensidad va disminuyendo la luz que emiten hasta acabar siendo casi imperceptible. Me pregunto qué significa esto y qué tiene que ver con el futuro del universo. Entonces, por fin, escucho una voz que reconozco de mis anteriores viajes. Mi guía vuelve a manifestarse.

Lo que acabas de sentir nada más llegar aquí ha sido una sensación de vacío y de inexistencia provocada por lo que pudiéramos llamar *la nada*. En tu primer viaje ya te hablé de este concepto al intentar explicar el origen del universo y remontarnos al Big Bang, sin embargo, sentir esa sensación como tú la has sentido es perturbador. Aún así, has sido capaz de vivirla, cosa que sería imposible de existir únicamente... la nada. Parece una paradoja y en realidad lo es, pero dejémoslo a un lado de momento. Simplemente ten en cuenta que quizá el principio de todo fue así y que, a lo mejor, el final vuelva a ser igual.

Después has pasado a otro estado: la tristeza. El proceso ha sido rápido y sencillo porque los seres humanos en circunstancias excepcionales tienen la enorme capacidad de ser pragmáticos. De nada servía la ira o la impotencia, dos estados por los que pasaste de puntillas. Consideraste que no había salida y no tenía ningún sentido dejar que ambas te invadieran. Pasaste por tanto a la tristeza, puesto que no encontraste cómo escapar de esa situación. La fragilidad humana en estos casos lleva a este estado, al menos temporalmente. Fíjate que no he hablado de conformismo ni resignación, pues probablemente de no aparecer yo, hubieras buscado indefinidamente una salida y es que eso también va en la propia naturaleza del ser humano: la supervivencia.

Entiendo que con todo estés algo liado y creas que nada tiene que ver con el futuro del universo, pero no es así. Es cierto que la existencia del ser humano está ligada a su entorno, pero también es igual de cierto que si este entorno se vuelve hostil, el ser humano puede adaptarse. En este punto, si el universo fuera cambiando hacia estados donde la probabilidad de supervivencia fuera cada vez menor, la humanidad tendería a buscar por todos los medios cómo perpetuarse.

Al igual que tú has pasado por varios estados, la humanidad tuvo que sortear algunos problemas a lo largo de su historia para no desaparecer. En esos momentos hizo uso de algo innato que todos los seres humanos tienen por su propia naturaleza: el instinto de conservación. Existieron varias situaciones en las que los humanos estuvieron en peligro de extinción, de hecho, fue una especie con muy pocos individuos sobre la faz de la Tierra durante mucho tiempo. También estuvo a punto de desaparecer en una de las etapas glaciares hace 200.000 años –*la población se redujo a menos de 1.000 habitantes*–, o cuando se produjo la erupción de Toba hace 75.000 años, en la que se llegó a reducir la población hasta las 10.000 personas.

La humanidad siempre ha sabido cómo perpetuarse y dispersar su semilla para no desparecer. Quería que reflexionaras sobre ello, ya que la capacidad de supervivencia y el afán por perpetuar su propia especie es lo que la ha llevado –*y es probable que la llevará también en un futuro*–, a sobrevivir llegando a conquistar nuevos lugares donde poder expandirse. Te podría adelantar que según el universo vaya cambiando hacia un fin que realmente nadie conoce, el ser humano conquistará lugares remotos en las estrellas para poder seguir perpetuándose, pero lógicamente esto es una suposición que nadie puede asegurar.

Pero volvamos al principio de este viaje que ahora comienza. Esta vez no te moverás de aquí. El lugar en el que estás es sencillamente un cubo. Todo lo que vas a escuchar en tu interior sobre los posibles futuros del universo se proyectará en sus paredes de forma continua. Ante todo, debes tener en cuenta que lógicamente lo que vas a ver son hipótesis teóricas de lo que podría pasar. Están basadas en el estudio y observación del universo utilizando todo el conocimiento que se tiene sobre él hasta el momento. No debes preocuparte si, según lo que sabes, piensas que con toda probabilidad el Sol acabará con la Tierra y con la vida sobre ella en un periodo relativamente corto de tiempo, pues nadie conoce el futuro. Al final todo son probabilidades. De hecho, te podría hacer innumerables preguntas que harían cambiar tu opinión sobre lo que puede llegar a pasar. Te voy a plantear algunas de ellas.

¿Podría el ser humano llegar a establecerse en una colonia ubicada en alguna luna de Júpiter que escapara del efecto devastador de la radiación solar cuando entre en su fase de gigante roja? Evidentemente a día de hoy no, pero nadie sabe si nuestra tecnología podría llegar a ser tan avanzada como para lograrlo antes de que eso ocurra.

¿Podría el ser humano modificar su código genético tanto como para lograr adaptarse a circunstancias del medio que ahora consiguen matarlo? Me refiero a la resistencia a temperaturas extremas o a protegerse de la acción de virus y bacterias que actualmente se forma incontrolada podrían acabar con su existencia. Actualmente es algo imposible, pero quién sabe si en un futuro dejará de serlo.

¿Podría el ser humano enviar hacia los confines del universo individuos criogenizados en busca de nuevos hogares? De nuevo, a día de hoy no, pero realmente si se llegara a avanzar de forma considerable la tecnología en distintos ámbitos, no podíamos asegurar que no fuera posible hacerlo.

Puedo continuar exponiéndote cuestiones indefinidamente, pero lo que quiero que comprendas es que a pesar de que las probabilidades de que el ser humano sobreviva a largo plazo parecen ínfimas, realmente no hay nada escrito. Ni siquiera a la hora de hablar del final del universo.

En este punto creo que ya es momento de comenzar tu viaje donde abordaremos algunos de los posibles finales del universo que la comunidad científica maneja actualmente desde un punto de vista totalmente teórico.

Encerrado en este extraño cubo observas cómo empiezan a aparecer imágenes de galaxias y nebulosas que se mueven lentamente separándose unas de otras. Estás viendo cómo se expande el universo, de hecho, tú ya sabes que este proceso se inició en el mismísimo Big Bang. Si te fijas, la separación de los cuerpos estelares cada vez va siendo mayor, mientras el universo sigue expandiéndose a una velocidad cada vez más lenta, sin embargo, llega un momento en el tiempo en el que esa expansión se acelera. ¿Qué es lo que ha ocurrido? Según investigaciones recientes se cree que es debido a la acción de un tipo de energía que el ser humano no es capaz de ver, ni de demostrar siquiera su existencia, pero que explicaría el por qué se acelera la expansión del universo. Es la energía oscura. Ahora observas cómo toda la materia del universo se va separando cada vez más deprisa. Según esta teoría la presión ejercida por esta energía oscura sería tal que podría oponerse lo suficiente a las fuerzas gravitacionales del universo provocando la separación cada vez mayor y de forma más rápida de toda la materia existente. Como consecuencia, lo que terminaría ocurriendo es que la materia se desgarraría, ya que perdería su cohesión gravitatoria. El universo quedaría reducido a átomos en los que las interacciones entre ellos ni siquiera podrían mantenerlos unidos quedando únicamente una radiación. El universo se habría convertido en una sopa de partículas que no estarían influenciadas unas por otras, permaneciendo siempre separadas. Es lo que se refleja en todas las caras del cubo, miles de millones de partículas elementales enormemente alejadas. Esta teoría se ha denominado Big Rip y realmente dejaría una imagen inerte y desoladora.

De pronto todo se vuelve negro durante un instante. Después empiezan a surgir de nuevo las galaxias y sistemas planetarios que viste al principio. Volvemos al punto de partida para descubrir cómo sería la segunda teoría que explica el fin del universo. Se ha denominado Big Freeze. En este caso la expansión continúa su curso, pero de manera infinita, algo que choca de frente con la teoría del Big Bang que asegura que existe un principio y por lo tanto un final, siendo el universo ilimitado pero finito.

A diferencia del Big Rip, aquí no se tiene en cuenta la acción de la energía oscura. Poco a poco ves cómo las estrellas van colapsando mientras el universo se sigue expandiendo indefinidamente. Si te fijas, mientras desfilan ante ti galaxias enteras y estructuras planetarias a velocidades incalculables, según van colapsando y muriendo las estrellas, las distancias entre la materia residual que va quedando cada vez son mayores. Además, la radiación que emiten cada vez va siendo gradualmente menor. El universo, que sigue expandiéndose, se va enfriando hasta que lo único que queda es de nuevo una sopa de subpartículas de mínima radiación en un universo enormemente frío. De hecho, al final su estado adquirirá la máxima entropía, es decir, se convertirá en un sistema termodinámicamente estable y distribuido uniformemente. Lo que ves en este momento es un cementerio infinitamente grande de restos estelares.

Otra vez todo se torna a negro de repente, y al instante las galaxias que forman el universo tal y como lo conocemos actualmente aparecen de nuevo. De momento lo que has visto no te parece nada reconfortante y mucho te temes que lo siguiente que veas se desarrolle en el mismo sentido. Vas a ser testigo de lo que ocurrirá según otra teoría: la del Big Crunch. Según esta teoría el universo frenará su expansión hasta llegar a un momento en el que se detendrá. Fíjate bien, pues lo tienes delante. Ya nada se mueve. El universo ahora se ha enfriado y ha llegado a alcanzar su densidad crítica. A partir de ahora comienza a contraerse por efecto gravitatorio. Ves avanzar deprisa cómo toda la materia tiende a acumularse en un punto. Esto te recuerda a tu primer viaje, cuando te desplazaste en el tiempo al origen del universo y veías pasar delante de ti millones de miles de estrellas en dirección a un único lugar. Está ocurriendo lo mismo, aunque el escenario es distinto, pues tú no viajas en el tiempo, sino que es el espacio el que avanza a lo largo de él.

Cada segundo que pasa, la contracción se acelera más y la temperatura va aumentando hasta que al final toda la materia del universo se concentra en una única partícula de altísima densidad y temperatura. Recuerdas bien cómo se llama lo que tienes ante tus ojos: una singularidad. Se hace inevitable preguntarse qué hay después de esta gran implosión, aunque la respuesta ya la sabes. Si antes del Big Bang no había nada porque las leyes físicas se aplican al universo siempre y cuando exista el espacio–tiempo, y dado que en una singularidad el espacio–tiempo no existe, después de todo este proceso que ha llevado a condensar el universo en una partícula ínfima, tampoco hay nada.

Aunque ahora sí entiendes perfectamente de qué hablo, te sientes abrumado. Hay otras teorías que intentan explicar el final del universo y nos hablan de universos paralelos, multiversos, agujeros negros o de la existencia de una cuarta dimensión. Sin duda todos son igualmente válidos, aunque imposibles de demostrar, sin embargo, las tres teorías que has descubierto son las más aceptadas por la comunidad científica.

Tu viaje llega a su fin. En breve volverás a estar inmerso en una completa oscuridad justo antes de regresar a tu lugar de origen. Sólo espero que todo lo que has descubierto sobre el universo te sirva para comprender que la especie humana aún siendo frágil, como especie tiene un potencial incalculable para llevar a cabo los mayores logros, incluso los que a priori parecen imposibles. Lo último que quiero es citarte una frase que pronunció hace mucho tiempo el astrónomo Carl Sagan y que es una evidencia en sí misma: *somos polvo de estrellas*. Confío en que te ayude a entender tu lugar en el mundo.

El síncrono

Me despierto poco a poco. Creo que me he quedado dormido. A un lado del sofá está cerrado en *Manual del viajero del tiempo*. Recuerdo perfectamente mi último viaje que me ha llevado a descubrir cuáles son los posibles finales del universo. También tengo la impresión de que el guía que me ha estado acompañando a lo largo de todo este tiempo se ha marchado. De alguna manera lo último que me dijo me ha sonado a despedida, aunque, si no estoy equivocado aún queda un apartado en el índice del libro.

Me incorporo y antes de abrirlo miró mi reloj. Son cerca de las cuatro de la madrugada. Sin duda estaba agotado por el viaje y por todos los acontecimientos que he vivido desde que he llegado aquí. Quizá debería seguir durmiendo hasta que amaneciera, pero no quiero marcharme sin acabar el primer tomo de la colección. Realmente no hay nada que desee más en este momento.

Abro el libro mientras adopto una postura cómoda sobre el sofá. Busco directamente el capítulo cuatro. Como no podía ser de otra forma, aparece totalmente escrito. Releo el final y pronuncio en voz baja la cita que se me ha quedado grabada: "somos polvo de estrellas". Pensándolo bien es una certeza en toda regla. Nuestro origen está en los elementos dispersados en el espacio por las estrellas en sus ciclos de vida durante millones de años. Literalmente la frase es contundente pero veraz. Paso a la siguiente hoja donde está el título del siguiente capítulo. No parece que vaya a ser del mismo estilo que los anteriores: *Guía interactivo.*

No entiendo muy bien a qué se refiere con lo de *"interactivo"*, pero viendo cómo se las gasta mi abuelo, me puedo esperar cualquier cosa. Me intento relajar y paso a la hoja siguiente. Después de mantenerme un par de segundos con los ojos cerrados, parpadeo y miro a mi alrededor. Sigo sentado en el sofá. Esperaba estar de nuevo en el estado de conciencia energética como en anteriores ocasiones, sin embargo, no me he movido. Pero me doy cuenta que algo sí ha cambiado. En la primera hoja del nuevo capítulo ha aparecido un dibujo. Es una representación gráfica del extraño y futurista artilugio que dormía bajo una lona en la sala interactiva dentro de la biblioteca oculta. Lo miro de nuevo. Estoy seguro, es el mismo. Me fijo debajo de la imagen. Aparece algo escrito: *"Lunas de Marte".*

Desorientado y sin comprender nada, vuelvo a examinar el dibujo. El mensaje es claro. Creo que debo volver a la sala interactiva. Sin proponérmelo hago una mueca pensando que lógicamente la sala interactiva debe tener algo que ver con este capítulo, pues en el mismo título va implícito. Sin perder un segundo y llevándome el libro conmigo, salgo en dirección al sótano.

Atravesar la vivienda a estas horas, iluminada por una tenue luz, me produce cierto temor. El silencio es absoluto y la sensación de vacío entre estas paredes también. En el desván me encontraba dentro de una confortable burbuja, pero en cambio al salir de allí es como si me adentrara en un lugar totalmente distinto. Apuesto a que a mi abuelo le ocurría lo mismo. Lástima que nunca lo sabré.

Bajo los últimos escalones que me llevan al sótano y sorteo las máquinas que me salen al paso hasta llegar al muro que esconde al otro lado la magnífica biblioteca. Localizo el dispositivo de apertura y la estantería se desliza hacia un lado lentamente. Un escalofrío me recorre la espalda al ver de nuevo aquella habitación cuyas paredes están, literalmente, forradas de libros. La atravieso hasta llegar a la puerta que da acceso a la sala interactiva. Paso al otro lado y desciendo por la escalerilla. Por fin estoy de nuevo aquí. Ahora la cuestión es saber lo que tengo que hacer para poder terminar el libro.

Busco el dibujo en el *Manual del viajero del tiempo* y lo comparo con el aparato que tengo delante. Es idéntico. Observando la representación gráfica sería lógico pensar que en las siguientes hojas tendrían que venir detalladas las instrucciones para ponerlo en marcha y toda la información acerca de su funcionamiento, sin embargo, no hay nada escrito. Es un poco frustrante tener al alcance algo que seguramente debe tener un valor incalculable y que probablemente sea capaz de hacer cosas increíbles y no saber ponerlo en funcionamiento. Me acerco al mostrador donde la hilera de lucecitas no para de ir y venir incesantemente serpenteando entre varios interruptores y pulsadores. No hay ni una anotación, ni un rótulo, ni una instrucción que me pueda servir de ayuda. Nada. En lo que sí me fijo es en un par de botones situados en el ángulo inferior derecho del mostrador. Son de color verde y rojo respectivamente. Me pregunto si la regla básica del verde y del rojo es aplicable también en el curioso mundo de mi abuelo. De ser así, el botón verde tendría que servir para encender algún sistema. Me lo pienso unos segundos y decido pulsarlo, al fin y al cabo, no tengo muchas más opciones y el tiempo que me queda de estar aquí se me acaba en unas horas.

Nada más presionarlo una pequeña pantalla led insertada en la propia mesa junto a los demás interruptores se pone en funcionamiento. El serpenteo de luces hace un par de movimientos rápidos hasta que disminuye su ritmo. A continuación, aparece en la pantalla una ventanita y un teclado digital. Me está solicitando una clave. Esta vez estoy seguro lo que debo de escribir. Recuerdo que al pie del dibujo había una frase *"Lunas de Marte"*. Sin más, intento introducir sus nombres *–Fobos y Deimos–*. Y digo *"intento introducir"* porque en la casilla no caben tantos caracteres. Esa no es la clave. Tiene que ser una palabra más corta. Escribo sólo el nombre de la primera luna *–Fobos–*, y valido la entrada. Expectante, espero unos segundos. Entonces en la pantalla se muestra un mensaje a la vez que un pitido corto resuena en el interior del artilugio que duerme en el centro de la sala.

Tras releer el mensaje descubro al menos el nombre que mi abuelo ha puesto a este aparato. No sé lo que significa, pero espero averiguarlo muy pronto: *"Síncrono en proceso de activación".*

Me acerco hasta él y descubro que la pantalla que descansa sobre esa especie de salpicadero se ha puesto en funcionamiento solicitando también una clave. Paso al interior y tomo asiento en uno de sus puestos de mando. En esta ocasión no tengo ninguna duda sobre lo que debo escribir para terminar de activar al síncrono. Escribo el nombre de la segunda luna de Marte *–Deimos–*, y valido la entrada.

Observo sorprendido cómo mi rostro empieza a dibujarse en la pantalla hasta lograr una completa representación vectorial. Mediante algún extraño dispositivo me acaba de escanear. Al instante un fino halo de luz que sale de un pequeño orificio al borde inferior de la pantalla, comienza a dibujar el contorno de una silueta sobre el otro puesto de mando. En cuestión de segundos termina y se hace totalmente nítida. Apenas puedo salir de mi asombro cuando, pareciendo cobrar vida, esa imagen se dirige a mí.

–Bienvenido Mario, soy tu abuelo.

El guía interactivo

–¿Cómo es posible?

No doy crédito a lo que veo mientras observo esa realista representación de la persona de mi abuelo sentada a mi lado. Es una imagen tridimensional proyectada por algún complejo sistema que sin duda está oculto en algún lugar de esa sala. ¿Cómo lo ha logrado? ¿Y de verdad puede interactuar conmigo? Al instante salgo de dudas.

–Sé lo que estás pensando, pero no tengas miedo. Yo te puedo explicar todo lo que no entiendas antes de comenzar con el último capítulo del libro –anuncia.

Dudo un momento. ¿Será posible mantener una conversación con él? Creía que ya nada de lo que me ocurriera aquí me iba a sorprender, sin embargo, esta situación ya sobrepasa cualquier límite que hubiera imaginado. Mi abuelo acaba de morir y tengo delante su representación virtual dirigiéndose a mí. Es de locos.

–¿Qué eres? –pregunto sin estar muy seguro de que vaya a obtener una respuesta.

–Soy una entidad inexistente en el mundo real pero existente en el mundo virtual. Mediante un complejo sistema he conseguido aunar billones de datos sobre todo lo que existe con una personalidad y experiencia de vida.

—No lo entiendo ¿Eres mi abuelo? Él está muerto.

—Técnicamente no lo soy, sin embargo, tengo toda su experiencia vital y todas sus características personales, además de poseer un conocimiento ilimitado al tener la posibilidad de combinar los billones de datos a los que tengo acceso. Digamos que voy aprendiendo constantemente. Evoluciono. En cuanto a tu última afirmación, puedo asegurar que sí. El está físicamente muerto, pero virtualmente vivo. Yo soy la prueba.

Doy un respingo abandonando el síncrono. Aquello va más allá de lo posible. Nada más bajarme del aparato se volatiliza la imagen y en la pantalla vuelve a salir una ventanita solicitando la clave. Parece ser que hay que estar en el puesto de mando para que funcione. Camino a su alrededor pensando en lo que acabo de ver. Lo que ha dicho esa representación virtual de mi abuelo tiene su sentido, siempre y cuando la tecnología estuviera mucho más avanzada de lo que está en este momento. Aún así esto parece ciencia–ficción. No sé qué pensar. ¿Podría hablar con él como si estuviera vivo? Esta situación rebasa la frontera que separa lo posible de lo imposible, al menos con nuestros conocimientos actuales.

Paso de nuevo al síncrono y tomo asiento. Respiro hondo. A continuación, introduzco la clave. Vamos a ver a dónde me lleva todo esto. Enseguida se forma la representación virtual de mi abuelo y éste comienza a hablar.

—Bienvenido de nuevo Mario. No te despediste la última vez. Supongo que tendrás muchas preguntas que hacerme, porque es posible que no acabes de entender muy bien qué es lo que estás viendo. Si tú quieres, puedo intentar explicártelo antes de continuar con el siguiente capítulo del libro.

–Sí, sí... claro... adelante.

–Pensando en las posibilidades que tendríamos de construir diseños inimaginables con una tecnología superior a la que se tiene en esta época para poder hacer cosas imposibles a día de hoy, durante unos años de mi vida todos mis esfuerzos se centraron en intentar conseguir la manera de construir un sistema capaz de albergar y combinar conocimientos y datos. En él se podrían balancear estos parámetros para que un ente virtual pudiera *aprender* tras combinar miles de millones de datos y posibilidades. Tendría que haber una inmensa cantidad de algoritmos sobre toma de decisiones condicionadas alrededor de cientos de posibilidades. El resultado es que podría evolucionar. Tendría la capacidad no solo de responder cuestiones, sino de hacérselas, con lo cual estaría muy cerca de la frontera que lo separa del pensamiento. No te quiero aburrir con esto, pero sí te diré que, tras mucho trabajo, al final conseguí mi objetivo. Soy yo, es lo que ves. Yo no soy tu abuelo, pero sí que lo soy. No soy algo material y tangible, pero sí que soy el ente virtual más parecido a él, con su personalidad, su pensamiento y su forma de razonar ya que tengo toda su experiencia de vida y además, no sólo eso, sino que poseo un vasto conocimiento en infinidad de materias. Espero que esta explicación te sirva para entender mejor lo que estás viendo en este momento.

Tras escuchar la explicación me mantengo en silencio. Quiero entenderlo, pero la verdad es que la situación me parece de lo más inverosímil.

–Es decir, ¿podría preguntarte sobre mi infancia cuando vivía... contigo? ¿O sobre cosas de tu propia vida?

–Podrías, aunque no creo que sea demasiado bueno para tu equilibrio emocional, al menos en este momento en el que acabas de descubrir todo esto. Te propongo que vayamos poco a poco y que simplemente tratemos de continuar con la lectura del libro. Con el tiempo irás descubriendo y entendiendo muchas más cosas, incluso de mí.

–De acuerdo, lo veo razonable. Tengo tanto que preguntarte que me va a costar no hacerlo, pero seguramente tienes razón.

–Antes de nada, debes saber que mi sistema graba las últimas experiencias desde el momento en el que pulsas el botón rojo de la mesa de control. Al hacerlo, se ejecuta una rutina que actualiza el sistema por completo y paso a un estado de latencia virtual, algo así como un modo de mantenimiento. Así que cuando finalicemos, no olvides pulsar ese botón, sino todo lo que estoy *viviendo* desde que me has activado se perderá.

–Pero antes me levanté y tras unos segundos volví a activar el sistema y me recordabas –dije pensativo.

–Es cierto, hay un tiempo de unos minutos en el que perdura esa información. Es como un sistema de protección. Simplemente es eso. ¿Quieres que comencemos ya esté nuevo capítulo, Mario?

Me parecía mentira estar hablando con mi abuelo en el interior de esa máquina del futuro. Porque realmente, si lo que había mencionado era cierto, estar al lado de esa representación virtual era lo más cerca que iba a estar nunca de él. Y eso era algo que debía aprovechar. Sonreí para mis adentros antes de contestar.

−Por supuesto.

−¿Dónde quieres ir?

−¿Podemos ir donde queramos?

−Prácticamente sí. No físicamente desde luego, pero parecerá como si lo hiciéramos. Creo que antes debes saber lo que entraña este apartado. Está presente en la última parte de cada tomo de mi colección y funciona de la siguiente manera: puedes preguntar cualquier cuestión relacionada con la temática del libro o plantear las dudas que te surjan sobre tus viajes anteriores. Viajaremos hasta donde necesitemos ir para poder responderlas. Por ejemplo, qué se yo, cómo se forma una tormenta en Marte, o por qué se separó el continente único, o cómo fue el gran impacto que extinguió a los dinosaurios. Cualquier fenómeno será explicado y cualquier duda o pregunta será aclarada. Es evidente que el ver cómo suceden las cosas es la mejor forma para encontrar respuestas.

A pesar de que la explicación ha sido muy clara, no entiendo muy bien cómo nos vamos a sumergir en la atmósfera de un planeta o en medio de una tormenta solar. Aún así aquello sonaba fascinante.

−¿Y puedo preguntar cualquier cosa?

–Cualquier cosa relacionada con la temática de este primer tomo. Te ayudaré mostrando algunas cuestiones y temas en la pantalla. Seguro que tienes en mente más de una de las que aparecen aquí.

Al instante surgieron en la pantalla varias cuestiones relacionadas con el universo, la evolución, la Tierra, el Sistema Solar... Algunas giraban en torno a procesos físicos o químicos como la formación de la atmósfera o los fenómenos de fusión nuclear. Otras tenían que ver con la evolución y la vida. Había un sinfín de ellas. Desplacé la lista con el dedo hasta encontrar una que me llamó la atención.

–¿Estás preparado? –me pregunta al ver que me había detenido–. Sólo tienes que seleccionarla.

Eso hice y entonces todo cambió en un abrir y cerrar de ojos.

Curiosidades del viaje del Apolo 11 a la Luna

El síncrono parecía moverse, sin embargo, no era posible ver hacia donde, pues una nube oscura nos envolvió durante unos segundos. La sensación era similar a la de estar en el interior de una máquina que fuera a la deriva a merced de un mar de olas. Miré a mi abuelo y éste me devolvió una sonrisa a la vez que escuchamos un extraño zumbido cuyo volumen aumentaba poco a poco. Entonces de repente todo se detuvo. La nube que había evitado que viéramos lo que ocurría alrededor del síncrono se volatilizó y dejó ante nosotros un extraordinario escenario. Me quedé maravillado al ver aquello. Parecía más real incluso que cuando había viajado por los confines del universo en forma de conciencia energética. Nos encontrábamos en la Luna sobrevolando el módulo lunar nada más descender hasta la superficie del satélite.

–¿Esto es real? ¿Es justo el momento de la llegada del hombre a la Luna? –pregunto sintiendo que me invade una enorme excitación.

–Es tan real como quieras que sea. En verdad es una recreación del sistema a partir de la combinación de millones de datos que contienen información relacionada con la cuestión que has elegido. En cuanto a tu segunda pregunta, la respuesta es sí. El hombre va a pisar la Luna por primera vez en su historia. Han alunizado hace unas seis horas y los astronautas están comprobando que todo está en orden en el interior del módulo lunar. Pero deja que te enseñe esto y disfruta del viaje.

De pronto mi abuelo comienza a mover sus manos y el síncrono se desplaza unos kilómetros y a una altura de cien metros sobre el lugar de alunizaje. Me parece impresionante presenciar lo que estoy viendo en este momento. Damos algunas vueltas sobre el módulo lunar y descendemos de nuevo hasta que mi abuelo sitúa el síncrono delante de él.

—¿Qué te parece el módulo lunar? —me pregunta.

—Pensaba que era más grande.

—Tiene una tecnología bastante avanzada para la época, en cuanto a su tamaño, no llega a los ocho metros de altura. Realmente dónde viajan los astronautas es en la parte superior, lo que se conoce como módulo de ascenso. Tan tiene cuatro metros de alto por casi cinco de diámetro. Para que te hagas una idea, te ayudará saber que el síncrono tiene una altura de dos metros y una anchura mínima en la zona de los puestos de mando donde estamos sentados, de un metro y ochenta centímetros.

—Debe ser verdaderamente agobiante estar ahí dentro.

—Sin duda. En la parte superior del módulo lunar hay una escotilla de ochenta centímetros de diámetro. Es el acceso al módulo de mando que en este momento está orbitando alrededor de la Luna y esperando para recoger a los astronautas cuando acaben su misión sobre la superficie.

Hay otra compuerta del mismo tamaño en la parte inferior, es la que da al exterior.

—En total fueron tres astronautas, ¿verdad?

—Así fue. Lo que ocurre es que uno de ellos, Michael Collins, no pisó la superficie, pues como te he dicho, se quedó orbitando en el módulo de mando. Pero fíjate bien ahora en lo que está a punto de ocurrir. No pierdas detalle.

En ese momento observo cómo se abre una compuerta y empiezan a asomar los pies de uno de los astronautas. Nos acercamos aún más y conseguimos verlo a escasos metros. Neil Armstrong empieza a descender por la escalerilla. Baja de espaldas hasta que por fin pone un pie sobre la superficie lunar. Justo entonces empieza a escucharse en el interior del síncrono un siseo parecido a una emisora de radio mal sintonizada hasta que se oye hablar a alguien.

"That's one small step for man, one giant leap for mankind"

Era la famosa e histórica frase del comandante Armstrong al poner el pie en la Luna. El siseo desaparece y sigo observando sin perder detalle. A continuación, desciende el segundo astronauta, Edwin Aldrin y ambos deambulan alrededor del módulo lunar.

—¿Sabías que estuvieron hablando con Richard Nixon, el presidente de los Estados Unidos? Dirigió un mensaje a toda la humanidad. Fue algo único, la verdad.

—Y yo tengo la suerte de verlo en primera persona —sonreí sin apartar la vista.

–Ahora, y durante más de dos horas, se dedicarán a recoger material y depositar instrumentos científicos, como por ejemplo unos reflectores que a día de hoy sirven para medir la distancia que hay entre la Tierra y la Luna.

–¿Dejaron algo más?

–Sí, un sismómetro y varios objetos conmemorativos como medallas en recuerdo a los cosmonautas caídos o un disco de silicona con mensajes sobre nuestra civilización. También al pie del módulo de descenso dejaron una placa que decía: "*Aquí hombres del planeta Tierra pusieron por primera vez un pie en la Luna en julio de 1969. Vinimos en son de paz representando a toda la humanidad*". De hecho, la puedes ver –dijo señalando al pie del módulo.

–Impresionante.

–También abandonaron sobre la superficie algo que no se dijo en su momento por temor a las críticas de la opinión pública: sus restos orgánicos de desecho. Los dejaron en el interior de unas estructuras selladas. Sería curioso poder analizar lo que queda de la fauna microbiana, ¿no crees?

–¿Y la bandera? –pregunto mientras señalo a uno de los astronautas que justo en ese momento la está intentando clavar sobre la superficie lunar.

–La bandera de los EEUU va a durar poco el pie, pero no quiero adelantarte nada, lo verás con tus propios ojos. Vamos a avanzar en el tiempo hasta el despegue, si te parece.

Ante nuestros ojos pasaron esas dos horas en unos segundos, como cuando visionas un vídeo en un aparato y le haces avanzar al doble o triple de velocidad. Los astronautas iban y venían de un lado a otro rápidamente, sin descanso. La verdad es que aquella visión tenía su parte cómica. Después la velocidad se ralentizó de nuevo.

−En total han recogido unos 25 kilos de muestras. Todo para ser analizado en la Tierra cuando regresen. Ya están a punto de despegar.

−Por suerte salió bien.

−Por suerte, si. De todas formas, Nixon tenía escrito un discurso para ser leído en el caso de no llegar a culminarse la misión. Es un poco macabro, pero es tal y como te lo estoy contando. Es la parte quizá menos humana de todo esto. ¿De hecho sabías que los tres astronautas no pudieron llegar a costearse el millonario seguro que los cubriría en el caso de que algo saliera mal? En vista de eso pensaron en una solución para que sus familias quedaran cubiertas económicamente y llegaron a una muy práctica. Firmaron cientos de postales con imágenes relacionadas con el espacio y la Luna, y con la colaboración de un club filatélico fueron selladas en la fecha del día del lanzamiento. En el caso de que fallecieran, sus familias podrían sacarlas a la venta, asegurándose unos grandes beneficios.

−Me parece una muy buena solución, aunque es algo increíble que alguien que representa la humanidad por primera vez en un viaje histórico a la Luna tenga que ingeniárselas de esa manera.

Mi abuelo pone cara de circunstancias y se limita a esperar hasta que por fin comienza la ignición de los motores del módulo. El despegue es menos espectacular de lo que esperaba y en pocos segundos se encuentra ya a varias decenas de metros de la superficie lunar camino de la órbita donde espera el módulo de mando.

–¿Te has fijado? –me pregunta mi abuelo señalando el lugar donde antes estaba el módulo lunar y ahora sólo queda abandonada la etapa de descenso.

Niego con la cabeza y miro hacia allí para descubrir que la bandera ha sido derribada por la acción de los gases expulsados en el despegue.

–Así que duró poco en pié –comento.

–Bastante poco la verdad. En las próximas misiones las banderas que dejen en la superficie correrán mejor suerte.

–¿Llegaron sin problemas a la Tierra?

–Bueno, hubo alguna anomalía en la reentrada a la atmósfera de la Tierra, pero por suerte todo acabó bien. Su misión, aunque técnicamente terminó cuando cayeron en la zona del océano tal y como tenían previsto, no culminó hasta después de tres semanas, pues tuvieron que permanecer aislados. El mantenerlos en cuarentena fue una medida de precaución.

Observo cómo se aleja el módulo lunar mientras reflexiono en todo lo que he visto. Si mis anteriores viajes en forma de conciencia energética fueron algo increíble, la experiencia de viajar en el síncrono hasta cualquier lugar en el espacio y en el tiempo con alguien que te puede ir explicando las cosas con todo detalle es algo que no puedo calificar.

–¿Nos marchamos? –pregunta mi abuelo.

—Nos marchamos.

En segundos, el síncrono queda envuelto en una nube oscura. Después todo se despeja.

Mi primer viaje con mi abuelo acaba de finalizar.

Doble amanecer en Mercurio

–¿Ha quedado satisfecha ya tu curiosidad? –pregunta mi abuelo.

–Totalmente. Pero tengo tanta información en la cabeza ahora mismo que temo olvidarme de algo. Necesito tiempo para asimilarlo.

Mi abuelo sonríe mientras pienso que esa recreación virtual es demasiado real, de hecho, me estoy dirigiendo a él sin darme cuenta como si verdaderamente fuera mi abuelo, y aunque sé que está muerto no puedo evitarlo. Seguramente eso me ocurre porque en realidad no lo conocía, pero en cualquier caso y pensándolo bien, si no fuera porque tiene cierta apariencia etérea nadie se daría cuenta de lo que es en realidad e incluso pasaría inadvertido. Creo que lo más importante no es cómo llamarlo sino lo que representa para mí. Y para mí, en este momento es nada menos que mi abuelo.

–¿En qué piensas? –salta de repente.

–Nada importante –miento–. ¿Puedo buscar algo más en la pantalla?

–Puedes buscar tantas veces como quieras.

La capacidad de este sistema me parece impresionante. No se limita a responder, sino que también plantea cuestiones según la información que tiene a su alrededor. Desde luego es algo revolucionario. Deslizo con el dedo las decenas de temas que aparecen en la pantalla hasta que veo uno que me parece interesante. Le miro y él asiente como queriendo confirmar que lo seleccione. Es lo que hago. Al instante de nuevo el síncrono queda envuelto por una densa nube negra. Mi nuevo viaje acaba de comenzar.

Una vez que todo se despeja a nuestro alrededor me doy cuenta que estamos a escasos metros sobre la superficie Mercurio, el pequeño planeta rocoso más cercano al Sol salpicado por innumerables cráteres. Miro a mi abuelo. Sin decir nada me señala en dirección a un punto imaginario delante de nosotros. Poco a poco empieza a asomar el Sol y la superficie comienza a iluminarse, pero de repente llega un momento en el que se detiene y parece retroceder. Sí, aunque parezca imposible está volviendo a ocultarse. De hecho, desaparece de nuevo ante nuestros ojos. Me giro incrédulo hacia mi abuelo que no aparta la vista del lugar por donde se ha ocultado el Sol. Se mantiene callado, como si estuviera en mitad de una ceremonia de la que no quisiera perderse ni un segundo. De pronto comienza otra vez a aparecer alzándose de nuevo sobre la superficie, pero esta vez sigue su trayectoria, la trayectoria que por lógica debía de haber seguido desde el primer momento.

−Lo que acabas de presenciar se denomina doble amanecer y fue uno de los fenómenos que mantuvo intrigados a muchos físicos en la antigüedad durante un tiempo considerable –anuncia por fin mi abuelo.

–¿Cómo es posible?

–Se debe a las peculiaridades orbitales de Mercurio. Pero antes tengo que explicarte algo muy básico. Como ya sabes, Mercurio es el planeta que está más cerca del Sol y cuya órbita es la más excéntrica de todas las del Sistema Solar. A lo largo de su trayectoria alrededor del Sol, cualquier planeta al describir órbitas elípticas y no circulares, pasa por dos puntos bien diferenciados: el afelio, o punto más distante al Sol y el perihelio, o punto más cercano al Sol. Según la segunda Ley de Kepler sobre la conservación del momento angular, la velocidad de un planeta es máxima en el perihelio y mínima en el afelio, ya que recorre áreas iguales en tiempos iguales.

–Un momento, un momento... ¿Esto ocurre también con la Tierra?

–Exactamente igual, pero en cambio no se produce este efecto tan acusado ya que la órbita de la Tierra no es tan excéntrica como la de Mercurio, y por eso vemos siempre salir el Sol por el este y esconderse por el oeste en un movimiento que parece casi uniforme. En cuanto a Mercurio, y siguiendo con mi exposición, esto explicaría el aumento de velocidad en la zona más cercana al Sol, pero nada más. Las razones por las que hace ese efecto de doble amanecer se deben a algo que ocurre justo en el perihelio, ocasionado por sus movimientos de rotación y traslación.

–Recuerdo que Mercurio completaba una vuelta alrededor del Sol en 88 días y alrededor de su eje en 59 días –apunto.

–Sí, así es. Es decir, gira extremadamente lento sobre sí mismo. Lo que ocurre a cuatro días de llegar al perihelio es que la velocidad de traslación, que va aumentando, iguala a la de rotación, dando la sensación de que el Sol se detiene. A partir de aquí y durante los ocho días siguientes la velocidad orbital es mayor que la de rotación pareciendo así que el Sol retrocede en su trayectoria, hasta que pasados cuatro días después de haber pasado por el perihelio se vuelve a detener para recobrar su sentido en movimiento inicial.

La explicación me sorprende a pesar de que me cuesta imaginarlo mientras observo cómo sigue su trayectoria.

–En algunos puntos del planeta se puede ver este efecto de doble amanecer que acabamos de presenciar, igual que en otros veríamos cómo se detiene y parece que va hacia atrás. Lógicamente lo que has visto no es en tiempo real. Hemos avanzado rápidamente en el tiempo, sino tendríamos que esperar diez días para ver la secuencia completa, y creo que tu madre se preocuparía bastante al ver que no regresas –dice sonriendo.

Al escuchar ese comentario intento no reflejar mi asombro. ¿Realmente sabe cuál es mi situación? ¿El tiempo que tengo para estar aquí? ¿Cuántos días después de su muerte han transcurrido hasta que he llegado aquí? ¿Conoce cómo es la relación con mi madre? Quizá esté programado para decir cosas así o quizá tenga en sus bases de datos más información de mi vida y de la de mi madre de la que yo imagino. En cualquier caso, decido no ir más allá y seguir disfrutando de todo lo que tengo a mi alcance.

–Este viaje ha sido enriquecedor, como todos los anteriores, pero quiero seguir preguntando. ¿Volvemos? –me pregunta.

–Volvemos.

Y en un segundo quedamos inmersos de nuevo en una nube oscura.

¿Podría el ser humano vivir en Marte?

Cuando se despeja la humareda, veo que de nuevo estamos en nuestro punto de partida. Siento que cuanto más aprendo, más curiosidad tengo por seguir descubriendo cosas. Me vuelven a la mente las palabras que había escrito mi abuelo al afirmar que, si me embarcaba en aquella aventura adentrándome en las páginas del *Manual del viajero en el tiempo,* lograría que se despertara en mí un cierto interés por el conocimiento. No se equivocaba en absoluto.

—¿Qué más quieres saber? —pregunta mi abuelo.

Miro la pantalla y busco entre todas las preguntas hasta que me detengo en una de ellas.

—¡Vamos allá! —exclama mi abuelo.

—La selecciono y empezamos nuestro nuevo viaje.

Unos segundos después el síncrono se estabiliza y ante nosotros surge la devastada superficie de Marte. Siempre había tenido curiosidad por saber cómo los científicos piensan establecer colonias humanas aquí si la atmósfera es tóxica y no existen recursos para poder vivir, por eso cuando vi la pregunta en la pantalla no dudé en elegirla.

–¿Te gustaría ser uno de los colonizadores de Marte, Mario? –pregunta mi abuelo mientras maneja el síncrono con el simple gesto de mover sus manos en el aire como si estuviera moldeando una figura invisible.

–Sería una experiencia desde luego, aunque creo que no está exenta de riesgos.

–A día de hoy todo es incertidumbre aquí. A pesar de que poco a poco se van conociendo más cosas sobre Marte, aún hay demasiados interrogantes que cuestionarían el éxito de cualquier misión. Por eso únicamente se envían sondas a su órbita y rovers a su superficie. Sin embargo, esos son los primeros y obligados pasos que hay que abordar. Fíjate en la atmósfera, hay una neblina casi permanente causada por polvo en suspensión. Éste no encuentra obstáculos cuando se desencadena una tormenta ya que la atmósfera aquí es 100 veces menos densa que en la Tierra. Por eso pueden llegar a durar incluso meses. Aún así, el mayor problema para establecerse aquí no sería este.

–El mayor problema es que no hay oxígeno – interrumpo mientras recuerdo algunos datos del viaje en el que pasé por el planeta rojo.

–En efecto, es uno de ellos. Ya sabes que el elemento predominante en la atmósfera es el dióxido de carbono, le sigue de lejos –*ni un 3%*–, el nitrógeno, algo de argón y oxígeno en mínimas cantidades, y en trazas aún menores otros gases y metano. En este punto, lo primero que se plantea es cómo generar oxígeno, puesto que Marte, al estar tan lejos de la Tierra, con la tecnología actual no es viable establecer un corredor espacial de suministro, como consecuencia la colonia que se establezca ha de ser autosuficiente. ¿Cómo solucionar este primer problema? –plantea mi abuelo mirándome fijamente.

–Ciertamente no tengo ni idea –respondo mientras veo que esboza una sonrisa.

–Aunque te parezca mentira en este mismo momento ya se está investigando sobre ello. Hay varios rovers que recorren la superficie del planeta a día de hoy. Uno de los últimos, el *Perseverance*, posee un dispositivo capaz de tomar una muestra de aire, calentarla a 800°C y romper la molécula de dióxido de carbono en monóxido de carbono y oxígeno a través de una corriente eléctrica. Esto ya se ha conseguido con éxito y aunque queda mucho por hacer para llegar a producirlo en grandes cantidades y acumularlo de alguna manera, es un paso decisivo. Ten en cuenta que no sólo se necesita oxígeno para respirar, sino también para que puedan funcionar los propulsores de los motores. Esto sería necesario para lanzar hacia el espacio aeronaves, ya que a la larga se trata de poder llegar a establecer ese corredor espacial entre Marte y la Tierra.

–¿Y no se podría hacer lo mismo con el agua? ¿Extraer de ahí el oxígeno?

–Sí, y de hecho se ha pensado en establecer las primeras colonias alrededor de cráteres o incluso en su interior, ya que no hay agua líquida en la superficie de Marte, pero seguramente sí bajo ella. Esto se debe a que la presión atmosférica es muy baja, de tal forma que está en un valor cercano al punto triple del agua, y un líquido sólo puede existir en un estado estable por encima de la presión del punto triple. Si está por debajo de ese valor lo que ocurre es que el hielo *–que por otra parte se sabe con certeza que existe en los polos–*, pasa directamente a vapor de agua por un proceso de sublimación. Por esto y además de por la elevada temperatura del planeta esta vía de obtención de oxígeno entraña gran dificultad a día de hoy. No obstante, si como algunos indicios muestran, hubiera agua líquida bajo la superficie cambiarían sustancialmente las cosas. Como ves, queda mucho por investigar.

–La verdad es que algún día se conseguirá.

–No lo dudes. La evolución va con la propia naturaleza humana y es sorprendente en todos los sentidos.

De pronto cambia el tono y me hace una señal para que mire hacia uno de los lados del síncrono.

–Vas a ser testigo de algo que no has visto nunca. No pierdas detalle.

En la dirección hacia donde señala y a varias decenas de kilómetros, se comienzan a levantar miles de partículas de polvo de la superficie hasta formar una enorme nube que aumenta poco a poco su velocidad.

–Como te he dicho antes, las tormentas de arena no serán el problema más grave para el futuro habitante en Marte, sin embargo, es algo que tendrán que tener muy en cuenta, pues pueden durar meses. Voy a aprovechar este momento para explicarte cómo ocurre. Para eso vamos a acelerar el tiempo.

De pronto salimos disparados hacia el centro de la tormenta y todo comienza a ir mucho más deprisa a nuestro alrededor.

–Ahora mismo estamos en el núcleo de una tormenta en formación. Nos encontramos muy cerca del perihelio, el punto de la órbita más cercano al Sol. La radiación solar aquí provoca una pérdida de humedad ocasionando contrastes de temperatura y originando movimientos de aire. Como consecuencia se van levantando partículas de polvo de la superficie. Es lo que acabas de ver. Las velocidades de estas tormentas de polvo no son tan altas como las de los mayores huracanes de la Tierra, sin embargo, al ser la atmósfera muy poco densa, pueden extenderse hasta incluso cubrir los casquetes polares. Será mejor que nos vayamos a otra zona del planeta antes de que nos quedemos sin ninguna visibilidad –asegura dirigiendo el síncrono fuera de la tormenta marciana.

–¿Y cómo solucionar esto?

–Logrando cambiar la atmósfera se lograría modificar el clima. De hecho, ese es otro de los grandes retos que hay que abordar si se quiere colonizar Marte.

–¿Se puede cambiar la atmósfera de un planeta así como así? –pregunto incrédulo mientras él detiene el síncrono a varios kilómetros de la superficie y muy lejos de la inmensa nube de polvo que ya empieza a tener magnitudes colosales.

–Según la comunidad científica es posible, pero en el caso de Marte por sus características no sería tan sencillo. Vamos primero al origen del problema. La atmósfera de este planeta es muy escasa debido a que su masa es muy pequeña –*el 10% de la masa terrestre*–, insuficiente para retener una atmósfera densa, de forma que se produce un escape constante de gases hacia el espacio exterior. El efecto se multiplica por la acción del viento solar que es capaz de barrer literalmente parte de esta atmósfera. ¿Por qué? Es sencillo de entender, Marte no posee un campo magnético significativo que sirva de escudo, por eso nada impide que las partículas del espacio exterior entren en la atmósfera e interaccionen con los elementos en suspensión acelerándolos y logrando que algunos consigan llegar a su velocidad de escape y salgan proyectados hacia el espacio. Este proceso está ocurriendo desde hace miles de millones de años.

Miro a mi abuelo perplejo mientras intento seguir su explicación. Al momento continúa.

—Se tienen en cuenta principalmente dos vías para evitar esto y crear una atmósfera densa y estable. La primera es aprovechar el agua congelada y el dióxido de carbono sólido que abunda en los casquetes polares. Para ello habría que conseguir que pasara a estado líquido el primero y a estado gaseoso el segundo. Si se lograra liberar el dióxido de carbono a la atmósfera provocaría un aumento de la presión atmosférica, lo que a su vez tendría un efecto positivo para que el agua se mantuviera en estado líquido, sin embargo a pesar de que esto puede parecer una solución no lo es, puesto que no se conseguiría aumentar la presión hasta el punto necesario como para conseguir el efecto deseado sobre el agua helada y tampoco se crearía un efecto invernadero suficiente que contribuyera a elevar la temperatura hasta niveles compatibles con la vida humana. Eso sin mencionar que este proceso para liberar el dióxido de carbono sería extremadamente costoso. En resumen, con la tecnología actual es prácticamente inviable. Se ha llegado a pensar alguna opción como el bombardear los polos con material nuclear o atómico, puesto que se cree que bajo la superficie hay mucha más cantidad de dióxido de carbono de lo que se piensa. Eso lo liberaría desencadenando las fases que te acabo de describir, pero desgraciadamente es algo que no toda la comunidad científica valora por igual. En definitiva, esta vía permanece en un punto muerto.

—¿Y la segunda vía? ¿Sería posible?

—La segunda está sujeta a una gran controversia. Se trataría de poner en órbita alrededor de Marte un dipolo que fuera capaz de crear un campo magnético. Esto generaría un escudo protector contra la radiación solar y provocaría un calentamiento gradual que podría derretir el dióxido de carbono de los polos, lo que a su vez originaría un efecto invernadero. Aumentaría la presión y el agua podría existir en forma líquida. Al final podría acabar formándose una atmósfera densa no tóxica para el ser humano.

—Dicho así, parece tan fácil…

—No lo es, evidentemente. Para conseguir llevar a cabo ambas opciones se tardarían miles de años, por lo que al final y tras muchos estudios, se ha llegado a considerar un enfoque más regional. Es decir, tendría mucha más probabilidad de éxito el transformar áreas más pequeñas creando ese efecto invernadero tan ansiado, pero en el interior de zonas selladas al exterior. El futuro cercano está abierto a la colonización, pero desde luego no a gran escala, pues como ves, no son pocos los inconvenientes para lograr transformar este planeta en un lugar seguro y habitable para grandes poblaciones.

–Así que no están muy desencaminadas las películas de ciencia–ficción cuando nos muestran pequeños nichos cerrados sobre la superficie de Marte.

–Pudiera ser, pero se necesita sobre todo tiempo. El conseguir transformar los recursos de este planeta, incluso para abastecer a un grupo reducido de personas, ya ves que no es tarea fácil –sostiene mi abuelo mientras dirige el síncrono a la parte alta de la atmósfera.

Desde allí la vista es espléndida a pesar de ser un planeta, hasta el momento, sin vida. Pero el sólo hecho de pensar que quizá en un tiempo relativamente corto pudieran estar deambulando por su superficie seres humanos me provoca una sensación indescriptible.

–Aquí y ahora acaba nuestro viaje, Mario. Espero que te haya servido de algo.

–Como era de esperar no me ha defraudado y confío en seguir aprendiendo cosas tan interesantes como las que he descubierto aquí.

–Eso depende de ti –sonríe.

A continuación, todo se torna oscuro a nuestro alrededor y emprendemos el camino de regreso.

El ser humano en el Universo

De repente algo me sobresalta. Abro los ojos y veo que me encuentro sentado en el interior del síncrono. Mi abuelo está inmóvil en el asiento de al lado. Al mirarle se gira hacia mí.

—¿Qué ha pasado? —le pregunto.

—Te has quedado dormido. Nada más regresar de Marte el sueño te venció. Decidí no despertarte. El descanso es algo importante incluso para mí. Aproveché para hacer un auto–diagnóstico de mi sistema y como esperaba, todo está correcto.

—Vaya. ¿Qué hora es ya? Cada vez está más cerca el momento de tener que marcharme de aquí.

—Son las cinco y media de la mañana. En algo más de una hora empezará a amanecer.

—Quiero seguir. Tengo que aprovechar cada minuto que me queda en esta casa. Aún me queda mucho por aprender. ¿Elijo una más? —pregunto.

—¡Claro! Puedes elegir cuantas quieras.

Sin pensármelo ni un segundo más me fijo en una que me llama la atención. La selecciono y vuelve a ocurrir.

La nube se disipa, pero todo lo que rodea al síncrono sigue estando muy oscuro. Estamos en el espacio. Somos un punto ínfimo rodeado de un inquietante vacío. A lo lejos diviso una hermosa nebulosa gaseosa formada por millones de estrellas.

—Para explicarte la presencia y la importancia del ser humano en el universo, esta vez vamos a ir saltando en el tiempo de unos sitios a otros. Creo que lo que vas a descubrir va a despertar aún más tu curiosidad.

Arqueo las cejas sin contestar. Viviendo lo que he vivido hasta ahora con él estoy convencido de que será así.

—Mira lo que tienes delante. Es algo que ya has visto. Es nuestra galaxia: la Vía Láctea. Como sabes, en ella se encuentra nuestro sistema solar, donde el Sol proporciona luz y calor a nuestro planeta. Pues bien, como esa estrella a la que llamamos Sol, hay unos 200.000 millones más en nuestra galaxia. Si te parece un número desproporcionadamente grande, espera a saber cuántas galaxias puede haber en el universo. Este dato, por desgracia, no se conoce con exactitud, pues según avanza el tiempo y la tecnología va mejorando, se van descubriendo más. Lo que sí te puedo asegurar es que existen cientos de miles de millones de galaxias. Imagínate ahora lo que significa la existencia de un ser humano en el planeta Tierra. ¿Te parece algo insignificante?

—Me parece desalentador. Como si nuestra existencia tuviera una mínima importancia en el universo.

—La realidad es que en términos absolutos puede parecer así, pero eso no significa que la existencia del ser humano sea insustancial o desdeñable, todo lo contrario. El ser humano ha llegado a ser como es gracias a que a partir del Big Bang se produjeron unos hechos, y no otros, que propiciaron por suerte, azar, o incluso caos —*llámalo como quieras*—, que se dieran una serie de circunstancias concretas para que surgiera la vida y de ahí evolucionar hasta formar un ser superior. Tú has sido testigo de la formación de las primeras estrellas, del nacimiento de nuestra galaxia, del origen de nuestro planeta en una zona de habitabilidad en torno al Sol y por fin, del comienzo de la vida. Si lo piensas, podían haber fallado un sinfín de cosas, pero no fue así. El hecho es que el ser humano es un organismo con alta capacidad de adaptación —*pues nuestra propia evolución lo ratifica*—, inteligente y complejo. Estamos hablando de una máquina perfecta con más de 30 billones de células en su interior. Como ves, Mario, no es nada despreciable. Incluso teniendo en cuenta que su existencia como individuo es efímera, los éxitos cosechados desde que surgió el Homo Sapiens, que es considerado como el primer ser humano ya que poseía características anatómicas semejantes a las de poblaciones actuales y comportamiento moderno basado en el uso del raciocinio, son increíbles teniendo en cuenta que surgió hace tan sólo 300.000 años. Es lo que cualquier científico afirmaría con rotundidad: un éxito evolutivo en toda regla.

—Pero si desde la Tierra miramos hacia el espacio exterior, en realidad somos algo muy pequeño —le discuto a pesar de que su explicación sí que ha llegado a calar en mi interior.

–Te voy a poner un par de ejemplos hipotéticos para que lo entiendas. En poco más de 5.000 millones de años el Sol saldrá de su secuencia principal y barrerá literalmente parte del sistema solar. La vida en la Tierra se extinguirá mucho antes, dentro de unos 1.500 millones de años. Imagínate que antes de que esto ocurra el ser humano fuera capaz de evolucionar tanto tecnológicamente que pudiera viajar fuera de su sistema solar a estrellas lejanas donde poder perpetuar la especie. Imagínate que cuando la radiación y los gases de un Sol en expansión en su proceso hacia una muerte segura, no afectaran al ser humano porque éste hubiera sido capaz de abandonar la Tierra al encontrar otro planeta capaz de albergarlo. ¿Seguirías pensando aún que el ser humano es insignificante? Habría sido capaz de subsistir a su más que probable extinción gracias, de nuevo, a su capacidad de adaptación y a su lucha por la supervivencia. Es evidente que la tecnología y el conocimiento son los bastones de apoyo, pero es que eso es, precisamente, lo que nos hace ser una especie inteligente capaz de afrontar retos y superar barreras.

Miro a mi abuelo mientras imagino ese futuro incierto en mi mente. Sin duda, puede tener razón en lo que dice. Al momento prosigue con su explicación.

–O sino, imagínate que, en el peor de los casos, el ser humano no hubiera podido encontrar un planeta que sirviera para continuar allí su existencia. Si la tecnología hubiera avanzado enormemente, tanto como para mantener embriones o cuerpos vivos latentes criogenizados durante cientos de años y los viajes espaciales estuvieran a la orden del día, nada impediría enviar miles de naves hacia planetas lejanos del espacio profundo con la finalidad de esparcir nuestra semilla y conseguir perpetuar la especie. Si alguna de esas naves consiguiera llegar a su objetivo, la especie se habría librado de la extinción. Y de nuevo te pregunto: ¿seguirías pensando aún que el ser humano es insignificante?

–No, está claro que no. Entiendo que somos una especie inteligente que en la inmensidad del universo podemos ser capaces de lograr cosas increíbles e inimaginables, y el enorme tamaño del universo no tiene por qué significar que, aunque ocupemos una mínima porción en él no seamos verdaderamente trascendentes.

Por cómo me mira, veo que mi abuelo se siente satisfecho con mi respuesta. Le sonrío y me hace un gesto.

–¿Nos vamos de aquí? Tengo mucho que enseñarte aún –pregunta.

Asiento con la cabeza mientras veo que él cierra los ojos. Miro de nuevo a la Vía Láctea y con esa imagen grabada en mi retina cierro también los ojos y espero unos segundos.

Para mi sorpresa, tras abrir de nuevo los ojos, veo que lo que tenemos delante es nuestra familiar esfera azul. Me fijo en un extraño objeto de forma esférica que orbita alrededor de ella.

–¿Te estás preguntando qué es? Se trata del primer satélite artificial puesto en órbita por el hombre. Nos encontramos en el año 1957. Se puede considerar que en este momento empieza la carrera espacial. Acaba de llegar a su órbita y logrará a dar hasta 1.440 vueltas a la Tierra. Se han seguido enviando un elevado número de satélites de forma que cuando dejan de funcionar pasan a formar lo que se denomina chatarra o basura espacial. Y es que, Mario, estoy hablando de casi 9.000 satélites. Imagínate, sin haber pasado ni siquiera un centenar de años desde la fecha que se consigue poner en órbita un aparato, el ser humano está llenando la franja del espacio más cercana a su planeta donde habita de estructuras tecnológicas que al tener sus días contados, pasarán en un futuro muy cercano a ser basura espacial.

–No quiero imaginar si seguimos a ese ritmo – comento asombrado.

–Esperemos que pronto se logre regular esto de alguna manera. Siguiendo con mi exposición, dos años después, en 1959, se lanzó al espacio la primera sonda – *lunik 1*–. No logró su objetivo que era impactar en la superficie lunar, aunque se obtuvo información valiosa sobre la Luna. Fue el comienzo del *Programa Luna*, llegando a lanzar hasta 24 satélites en los 15 años siguientes. Ahí empezó la observación y exploración lunar. Después de eso el siguiente paso fue realizar un vuelo espacial tripulado. Tan sólo tuvieron que transcurrir dos años para conseguirlo. La nave soviética Vostok 1, en 1961 completó una órbita alrededor de la Tierra. Realmente fue algo simbólico, pero dio alas a las potencias inmersas en la carrera espacial. Como bien sabes la culminación de este afán por conseguir el mayor logro en el menor tiempo posible ocurrió en 1969 con la llegada del hombre a la Luna. Todo esto que te acabo de contar no fue más que el principio. Ahora vayamos a otro lugar y a otro tiempo.

Mi abuelo cierra los ojos y me invita a hacer lo mismo. Mientras los mantengo cerrados noto cierta vibración en el interior del síncrono. Aprovecho para reflexionar sobre lo que acabo de escuchar. Lo que me llama la atención es lo rápido que se consiguió hacer aterrizar una nave tripulada en la Luna, tan sólo diez años después de lograr que el primer objeto lanzado al espacio consiguiera la velocidad de escape alejándose de la Tierra al no ejercer sobre él su atracción gravitatoria. De pronto la voz de mi abuelo me saca de mis pensamientos y abro de nuevo los ojos.

–Ya hemos llegado. Nos encontramos en el presente, pero muy lejos de la Tierra.

Veo que seguimos de cerca la trayectoria de una sonda espacial en movimiento.

–¿Dónde estamos? ¿Qué es eso? –le pregunto.

–Estamos a 23.900 millones de kilómetros del Sol, más allá de Plutón y de la heliosfera, que es donde el viento solar ya no tiene influencia por la enorme distancia al Sol, es decir, estamos en el espacio interestelar. En cuanto a tu segunda pregunta, lo que ves es una sonda enviada al espacio en el año 1977, la Voyager 1. Es capaz de seguir enviando señales de radio que son recogidas por la *Red del Espacio Profundo* y lo continuará haciendo hasta acabar su combustible en el año 2025 esté donde esté. No eres capaz de percibir la velocidad que lleva ahora mismo, pero se está moviendo a más de 60.000 km/h, al igual que nosotros claro.

−¿Qué es la Red del Espacio Profundo? No lo he oído nunca.

−Es un sistema de antenas instaladas en tres puntos geográficos estratégicos en la Tierra para seguir en todo momento a cualquier objeto enviado al espacio. Es decir, siempre al menos uno de esos tres complejos sistemas va a tener "*contacto visual*" con cualquier sonda o nave espacial. Están ubicados en Goldstone (EEUU), Camberra (Australia) y Robledo de Chavela (España). La tecnología utilizada en esos complejos es puntera, ten en cuenta que reciben señales de radio de distancias enormes como es el caso de la Voyager 1.

−¿Y ha conseguido su objetivo esta sonda?

−Por descontado. Su primer objetivo lo cumplió al pasar muy cerca de Júpiter, Saturno y algunos de sus satélites. Desveló datos desconocidos sobre ellos. Ahora, ya en este lugar tan alejado sigue transmitiendo, de hecho, la Red del Espacio Profundo detecta desde donde estamos un zumbido constante proveniente del gas interestelar. Es algo que se está analizando.

−La verdad es que es increíble.

−Si lo piensas, el avance de los últimos años para intentar comprender el universo ha sido enorme. Desde que se lanzó esta sonda no han transcurrido ni 50 años, sin embargo, el ser humano ha conseguido el nivel tecnológico para poder seguir recibiendo sus datos, y no sólo eso, sino que hace muy pocos años desde el control de Tierra se lograron cosas tan importantes como corregir su trayectoria o reorientar una de sus antenas.

—Pero no comprendo cómo pueden hacer ese tipo de cosas estando a miles de millones de kilómetros —expongo maravillado por lo que acabo de escuchar.

—Precisión, Mario. Es la clave. La reorientación fue una absoluta maniobra de precisión enviando pulsos de 10 milisegundos. Fue algo portentoso, pues hay que tener en cuenta que las señales enviadas llegaron a esta sonda 19 horas y 35 minutos después. El hecho es que así se consiguió dar un impulso a uno de sus propulsores, modificando así su trayectoria hacia el lugar deseado. Ahora mismo, esta sonda se dirige hacia el corazón de la Vía Láctea, aunque es una lástima que en pocos años se quede sin combustible para poder seguir enviando señales de radio.

Mi abuelo guarda silencio unos segundos mientras observo cómo ese artilugio se desplaza en aquel oscuro y aparente vacío. Después vuelvo a escucharle.

—Lo que he querido que veas, es que los logros del ser humano han sido mayúsculos en muy poco tiempo y nadie puede asegurar hasta dónde podremos viajar con la tecnología necesaria o qué tipo de mundos podremos descubrir en un tiempo relativamente corto.

—Sí. Desde luego tenías razón. No somos tan insignificantes.

—¡Se me olvidaba! Quiero darte otro dato que seguro retendrás mejor. Todos los objetos lanzados al espacio exterior tienen algo de nuestra identidad, de nuestro mundo, algo que nos identifica. La Voyager 1, por ejemplo, lleva un disco de oro con escenas y sonidos de la Tierra, también música y saludos en diferentes idiomas. ¿Imaginas que un ser inteligente encontrara esa información? O mejor, ¿imaginas que hasta nosotros llegara una sonda similar con información de ese tipo procedente de otro planeta?

—Cambiarían muchas cosas. Seguro que veríamos todo de otra forma —reflexiono en voz alta.

—De momento el ser humano lucha contra él mismo, ya que los peligros potenciales que pueden llevar a adelantar el fin de la humanidad los provocamos nosotros mismos. Parece que ponemos un especial e incomprensible empeño en no cuidar el planeta en que vivimos. Aún así, soy optimista y creo que la lucha por la supervivencia, aún cuando las circunstancias vayan en nuestra contra, es algo más fuerte que cualquier otra cosa.

Durante un instante guardamos silencio como queriendo saborear aún más el momento de calma que inunda todo lo que vemos. El síncrono se detiene mientras vemos cómo se aleja a gran velocidad la sonda Voyager 1. Al fin, mi abuelo anuncia lo que me temía.

—Aquí terminamos este viaje. Debemos regresar.

Asiento y justo antes de cerrar los ojos veo cómo la familiar nube oscura comienza a aparecer hasta que nos envuelve por completo.

Curiosidades del universo

–¿Estás disfrutando con esta parte del *Manual del viajero del tiempo*, Mario? –me pregunta mi abuelo cuando el síncrono deja de vibrar y todo vuelve a quedarse en silencio.

–Tener la posibilidad de descubrir lo que quiera sobre el universo de esta manera, no tiene precio la verdad.

–Me alegro. ¿Quieres seguir?

Me pregunto si podría continuar indefinidamente viajando a través del espacio y el tiempo para conocer más cosas sobre el universo y lo que lo forma, pero sobre todo no acierto a comprender cómo la poderosa mente de mi abuelo ha podido crear este pequeño mundo virtual con una apariencia tan real. Tengo mucha curiosidad en preguntárselo a esa recreación perfecta que tengo a mi lado y que sigo llamando abuelo, pero quizá sea mejor mantener esa magia más tiempo. En ese momento me doy cuenta de que no quiero que acabe.

–Sí, por supuesto que quiero continuar –respondo con decisión mientras busco un nuevo tema en la pantalla.

Después de ver pasar ante mí decenas de preguntas y temas, acabo eligiendo uno. Lo señalo y miro a mi abuelo.

—Es uno de mis favoritos. Será porque yo también he sido siempre muy curioso —sonríe—. ¡Prepárate! ¡Partimos de nuevo!

Vuelvo a cerrar los ojos pensando que cuando los abra me encontraré de nuevo en algún lugar maravilloso. Escucho el leve zumbido ya familiar que anticipa a la ligera vibración y a la cortina de humo que acaba envolviéndonos.

Tras unos segundos todo se detiene. Veo que tenemos delante a la fabulosa estrella que proporciona energía y calor a todo el sistema solar, el Sol. Curiosamente su luz no me ciega, es más, soy capaz de ver cómo se producen erupciones y tormentas solares.

—No te preocupes. Ya sabes que nada puede dañarte —me asegura mi abuelo al observarme cada vez más tenso.

—Es que es demasiado...

—¿Grande? Sí, es inmenso, pero te aseguro que no puede ocurrirte nada. He preferido comenzar aquí, aunque nos iremos moviendo a gran velocidad a nuestro antojo. Ya te aviso que vas a visitar varios lugares muy distintos en muy poco tiempo, pero antes tengo que avisarte de algo. Para darte a conocer algunos datos sobre el universo lo primero que debes saber es que la mayoría de las cifras son aproximadas y están basadas en la observación gracias a la tecnología actual. Es necesario que tengas en cuenta que las magnitudes son astronómicas. Sin duda habrás reparado en ello en tus anteriores viajes, pero no está de más recordártelo, pues la mente humana a veces puede verse sobrepasada por cifras tan desorbitadas. Intentaré siempre hacer alguna comparación con algo más cercano o conocido para que pueda servirte de referencia, aunque ya te anuncio que no será fácil.

–La introducción de mi abuelo me pone en sobreaviso, aún así me parece de lo más excitante. Inquieto, le hago un gesto para que continúe.

–En uno de tus viajes por el sistema solar ya descubriste algunas cosas de esta estrella. Sabes que su diámetro es 109 veces el de la Tierra y que alcanza grandes temperaturas. En este momento vas a conocer algunos otros datos concretos sobre ella. Por ejemplo, en nuestro sistema solar la mayor parte de la masa está concentrada en el Sol, tanto es así que representa el 99.8% de su masa total. Su atracción gravitatoria es de 274 m/s, bastante más alta que la fuerza de la gravedad en la Tierra que es de 9.81 m/s. En cuanto a su tamaño, por volumen, en el Sol cabrían más de un millón de Tierras. En efecto y como tú mismo has dicho, el Sol es muy grande, aunque hay estrellas mucho mayores en el universo. Por último, me queda comentarte un dato más. Tú has viajado hasta los confines del sistema solar, pues bien, la influencia del viento solar y de su campo magnético se extiende hasta más allá de Plutón, en lo que se denomina la heliosfera que sirve para proteger al sistema solar de las radiaciones del espacio interestelar. Fuera de la heliosfera el entorno es aún más desconocido. Y ahora continuemos.

De repente mi abuelo hace en el aire un movimiento brusco con las manos y salimos disparados alejándonos del

Sol. Pasamos cerca de Mercurio y continuamos viaje hasta dejar atrás a Venus, después a la Tierra, a Marte e incluso al cinturón de asteroides. Entonces el síncrono disminuye la velocidad hasta detenerse en las inmediaciones del enorme Júpiter. Ese viaje fugaz me recuerda al comienzo de mi odisea espacial en las primeras páginas del *Manual del viajero del tiempo*, cuando emprendí mi primer viaje hacia los orígenes del universo, sin embargo, esta vez ha sido mucho más rápido.

–Estoy convencido de que sabes qué planeta es este –dice mi abuelo mientras asiento con la cabeza–. Pues bien, Júpiter curiosamente es más antiguo que el propio Sol y gracias a lo que se va conociendo al estudiarlo, en un futuro cercano se llegará a poder explicar cómo evolucionó el sistema solar hasta llegar a la arquitectura actual. Es el planeta más grande del sistema solar y su masa es 319 veces la de la Tierra, 3 veces la de Saturno –*Saturno es el segundo planeta en tamaño y masa*–, y 2.48 veces la suma de las masas de todos los planetas juntos. Su volumen equivale al de 1.321 Tierras. Ahora ya te puedes hacer una idea de su tamaño, sin embargo, si lo comparas con el del Sol sigue siendo pequeño: su diámetro es una décima parte del diámetro del Sol.

–Definitivamente el Sol es inmenso –acierto a decir entre tanta cifra.

–Sigamos avanzando.

Al instante volvemos a salir disparados en la misma dirección. Continuamos alejándonos del Sol. Pasamos por

Saturno, Urano, Neptuno y Plutón. Ante mí acaban de desfilar los planetas gaseosos y más alejados del Astro Rey. Veo cómo se pierden en el espacio mientras continuamos nuestro viaje. Atravesamos el cinturón de Kuiper y entonces aceleramos más aún nuestra velocidad hasta tener en el campo de visión nuestra propia galaxia.

–Nosotros venimos de ese punto –dice señalando hacia uno de los brazos de la Vía Láctea–. Si te fijas su forma es espiral. Pues bien, nuestro sistema solar se encuentra a unos 25.800 años luz del centro de la galaxia –*tardaríamos 25.800 años en recorrer esa distancia viajando a 300.000 km/s*–. En completar una vuelta tarda ni más ni menos que 230.000 millones de años. Es decir, suponiendo que nuestra esperanza de vida fuera de 100 años tendríamos que vivir 2.300.000 veces más para que en nuestra vida pudiéramos completar una órbita alrededor de la Via Láctea.

En ese momento me viene a la cabeza cuando en el anterior viaje hablábamos de la insignificancia del ser humano, sin embargo, estoy seguro que gracias a nuestra evolución llegaremos a conquistar distancias que ahora vemos muy lejanas y a pisar planetas que pensamos inaccesibles. No obstante, al ser cifras tan inmensamente grandes no puedo evitar sentirme tremendamente pequeño.

–Pero dejemos los datos de momento ¿no te parece? –me pregunta.

–La verdad es que es buena idea –declaro apabullado por las cifras.

–Ahora nos iremos a un lugar muy lejano del universo.

De pronto salimos disparados a una velocidad aún mayor. Pasamos por decenas de galaxias en un instante. Todo lo que logro apreciar a duras penas me parece realmente abrumador. Entonces el síncrono disminuye su velocidad y nos detenemos cerca de una esfera que gira rápidamente sobre su eje. Emite gran cantidad de luz, pero gracias a estar en una recreación virtual puedo observar cómo gira sobre sí misma incesantemente. Me parece pequeña, pero tampoco tengo ninguna referencia para poder hacer esa afirmación.

–¿Qué es esto? –pregunto.

–Es importante saber lo que es, pero más aún saber lo que fue hace mucho tiempo. Voy a tratar de explicártelo. La evolución de las estrellas en parte está limitada por su masa. Se puede generalizar al afirmar que, si la masa de una estrella a lo largo de su evolución llega a ser menor que ocho masas solares, va a convertirse en algo que ya conoces cuando descubriste uno de los posibles futuros del sistema solar y del Sol en particular: una enana blanca. Con el transcurso de millones de años ésta acabará convirtiéndose en una enana negra. En cambio, si su masa es mayor de ese valor evolucionará hacia una supernova, algo de lo que también has sido testigo en uno de tus viajes. Según lo que viste, cuando la supernova llega a agotar su combustible y colapsa, expulsa violentamente todos los elementos de su parte más externa, quedando un núcleo o remanente que puede evolucionar de nuevo en función de la masa de la estrella original. Si esa masa era inferior a 20 veces la masa del Sol se formará una estrella de neutrones, en el caso de que fuera mayor acabaría evolucionando hacia lo que ya habrás oído más de una vez: un agujero negro. Lo que tenemos aquí delante de nosotros es una estrella de neutrones, pero ¿qué es en realidad?

Mi abuelo se detiene un instante mientras le observo. No espera que yo conteste, creo más bien que me está dando tiempo para que asimile tanta información. Unos segundos después prosigue.

–Una estrella de neutrones es el objeto más denso del universo. El motivo es porque su núcleo se colapsa enormemente al ser su masa demasiado grande, aunque intervienen además otros factores. En su evolución, los protones y electrones de los átomos de su núcleo se contraen formando neutrones y liberándose energía en forma de neutrinos. Quizá te preguntes por qué ese colapso se detiene sin llegar a evolucionar hacia un agujero negro. Para explicarlo habría que entrar en el ámbito de la física cuántica, pero básicamente se puede afirmar de una forma sencilla que una vez que se llega a la densidad de degeneración de los neutrones, donde prácticamente toda la masa se ha transformado en neutrones, por las propiedades de estas partículas se logra una estabilización evitando el colapso gracias a la existencia de una presión de degeneración y al *Principio de exclusión de Pauli*. Éste básicamente afirma que dos partículas no pueden ocupar el mismo espacio en el mismo momento, así se logra detener el colapso. Cuando esto ocurre su densidad ya es muchísimo mayor que la del Sol, al igual que su masa que llega a ser 1.5

veces la del Sol. Su tamaño, al irse contrayendo se hace cada vez más pequeño de forma que llega a tener poco más de 10 km de radio.

–Eso es muy poca distancia ¿Y por qué gira tan rápido?

–Algo de eso también sabes a estas alturas. La estrella de neutrones en su origen era una estrella que giraba. Según se ha ido contrayendo y por la conservación del momento angular, a medida que se fue encogiendo más y más, su velocidad de rotación fue aumentando. De hecho, puede llegar a girar hasta 700 veces por segundo. La velocidad de rotación es muy elevada. El hecho es que esto, junto a la existencia remanente de algunas partículas de electrones y protones, origina un enorme campo magnético. Cuando el campo magnético no coincide con el eje de rotación de la estrella *–que es el caso de la mayoría de las estrellas de neutrones–*, se produce una emisión de radiación electromagnética a intervalos regulares. Es lo que se llama un *Púlsar*.

–Nunca había oído hablar de ella.

–Es otro de los misterios del universo. Una cosa más. Antes te he hablado de que en el proceso de formación de los neutrones se liberaban neutrinos, pues para que veas hasta qué punto esta estructura estelar es potente en todos los sentidos, te voy a comentar un par de cosas más. La primera es que en los primeros instantes de su formación se libera tanta energía en forma de neutrinos como la luz emitida por todas las estrellas del universo visible. La segunda es que, debida a su fuerza gravitatoria, es tal que en el hipotético caso de que una de ellas entrara en nuestro sistema solar causaría el caos y su destrucción. Los planetas se saldrían de sus órbitas y las fuerzas de marea desgarrarían literalmente la mayoría de todos ellos.

Imaginar lo que está diciendo mi abuelo en ese momento, a pesar de no ser nada probable, me parece un final demasiado triste para nuestro sistema solar.

–Pero no te preocupes –prosigue–. Antes de que ocurriera algo parecido habría muchas más posibilidades de que nos afectaran otro tipo de catástrofes.

–¡Vaya! No creas que me sirve de consuelo –respondo sonriendo.

–No, desde luego que no lo es. Y ahora despídete de tu estrella de neutrones porque estamos a punto de partir de nuevo.

En cuestión de segundos ya nos movemos de nuevo a velocidades increíbles hacia un destino que desconozco. Cuando en la sala interactiva elegí el tema en el que estamos inmersos sobre las curiosidades del universo, no imaginé que iba a ser tan intenso. Viajamos de un lugar a otro como si estuviera todo al alcance de nuestra mano. Es una sensación que no sé muy bien cómo describir, sin embargo, cada minuto que pasa deseo aún más saber cuál es el siguiente destino.

De pronto siento que el síncrono comienza a disminuir su velocidad hasta que al fin se detiene. Esta vez tenemos delante un sistema planetario que no recuerdo haber visto antes.

–¿Dónde estamos? –pregunto.

–Es el sistema estelar más cercano al Sol. Se denomina Alpha Centauri y se están haciendo grandes esfuerzos para intentar conocer más cosas sobre él. Lo que se sabe a día de hoy es que está formado por una estrella –*Próxima Centauri*– alrededor de la cual orbitan dos planetas, siendo uno de ellos probablemente habitable. No obstante, la información que se tiene es aproximada y muy limitada, fruto de observaciones y mediciones. Nos encontramos a 4.2 años luz de la Tierra, lo que ya supone el primer problema para pensar en un viaje espacial hacia este sistema planetario. Su masa es una octava parte de la masa solar y posee muy baja luminosidad, un 0.17% de la del Sol. Próxima Centauri es una enana roja tardía que se encuentra aún en su secuencia principal y al tener poca masa en relación a otras estrellas más masivas, se sabe que le quedan aún muchísimos miles de millones de años por delante para agotar todo su combustible.

–¿Podríamos llegar a establecernos en uno de esos dos planetas que giran a su alrededor?

–A día de hoy es una pregunta que no tiene respuesta. Con la tecnología actual sería imposible por muchos motivos. Principalmente por la distancia a la que se encuentra de la Tierra, pero también porque no se sabe con certeza si alguno de los dos alberga las condiciones adecuadas para la vida. El interés generado por este sistema planetario viene, aunque suene contradictorio, por su cercanía a la Tierra. A pesar de que a la velocidad de la sonda espacial Voyager 1 tardaríamos en llegar hasta aquí unos 75.000 años, es el lugar más cercano que por sus características, podría ser habitado por el ser humano. Evidentemente falta mucho por descubrir y esto es imposible a día de hoy, pero no es ciencia–ficción el pensar que con el tiempo se construirán estructuras capaces de viajar por el espacio a velocidades inmensamente mayores gracias a cambios en su propulsión y en sus materiales. Es algo que verán generaciones futuras. Pero déjame comentarte algo más de estos planetas.

De pronto nos ponemos en movimiento en dirección a uno de ellos, el más pequeño. Nos detenemos a cientos de kilómetros de él.

–No tiene sentido acercarnos más, pues lo que ves es totalmente hipotético. Te presento a *Próxima b*. Nadie sabe cómo es en realidad este planeta, pero lo que sí se conoce es que completa una órbita alrededor de su estrella en casi 12 días y que tiene un tamaño parecido al de la Tierra, al igual que su masa que es sólo algo mayor *–1,3 veces la masa de la Tierra–*. A pesar de orbitar a una distancia relativamente pequeña de su estrella, unos 7 millones de kilómetros *–menor aún que la distancia orbital de Mercurio–*, se cree que no es un planeta con temperaturas excesivamente altas ya que Próxima Centauri es mucho más pequeña y fría que el Sol, lo que ocasiona que se encuentre en una zona de habitabilidad donde es posible que, de existir agua, se mantenga en estado líquido. Sin embargo, los científicos ven un gran inconveniente para que aun así pueda habitarse y es precisamente esta cercanía al Sol. El viento solar y la radiación barre la superficie de Próxima b. Se necesitaría que tuviera una atmósfera y que generara un campo magnético lo suficientemente fuerte para que sirvieran de escudo protector contra estas radiaciones. Además, los últimos estudios han arrojado resultados sobre su rotación que ponen en duda su habitabilidad y es que se cree que siempre da la misma cara a su estrella *—es decir tienen rotación sincrónica, al igual que la Luna con la Tierra—*. De esta forma, por la variación de temperaturas entre una y otra cara del planeta, sólo existiría una franja de habitabilidad llamada *línea del terminador*, que es el área que separa la parte iluminada y la parte de sombra, donde las temperaturas podrían ser adecuadas para que la vida pudiera mantenerse. Como ves, aún queda mucho por descubrir para considerar a este exoplaneta como futuro hogar del ser humano.

—Todo esto es fascinante, pero inalcanzable.

—Inalcanzable de momento. Nadie sabe lo que nos deparará el futuro y no olvides que nuestra capacidad de adaptación e instinto de supervivencia ya nos han llevado muy lejos —me responde con gran parte de razón.

—¿Y el otro planeta?

—El otro planeta fue descubierto hace muy poco tiempo y poco se sabe de él. Se piensa que es una supertierra que orbita de su estrella a 1,5 veces la distancia entre la Tierra y el Sol. Para saber más de él habrá que dejar transcurrir varias décadas.

Al escuchar a mi abuelo pienso en el tiempo y lo efímeros que somos en todo este escenario. No obstante, tengo la suerte de estar viviendo en una de las épocas en la que gracias a la tecnología se están consiguiendo grandes logros.

—Y ahora… nos toca regresar —anuncia mientras poco a poco todo lo que nos rodea comienza a difuminarse.

Cierro los ojos intentando retener en mi mente todo lo que he vivido en este último viaje. La verdad es que me siento agotado, aún así no veo el momento para continuar con otro.

Las distancias en el universo. El fotón.

De nuevo nos encontramos en la sala interactiva. En este sótano hay un silencio casi absoluto, sin embargo, no es comparable con el que he sentido en el espacio. La sensación de vacío allí es indescriptible. Sin perder ni un segundo busco en la pantalla hasta que veo otro tema que me llama la atención. En todos los viajes he obtenido información sobre las distancias que gobiernan el universo, sin embargo, no sé muy bien cómo llegan a medirse. Miro a mi abuelo que espera a que me decida.

–¿Este tema será interesante? –le pregunto.

–Yo estoy seguro que sí –me responde como no podía ser de otra manera.

Lo pulso sobre la pantalla y comenzamos nuestro nuevo viaje.

Cuando se desvanece la humareda descubro que esta vez no estamos ni en el espacio interestelar ni inmersos en la atmósfera de ningún planeta. Nos encontramos delante de una gigantesca pantalla curva digital parecida a las que existen en las salas de cine más innovadoras. Estamos flotando en el aire a una distancia de unos cincuenta metros de ella y no hay absolutamente nada a nuestro alrededor. Es un vasto espacio iluminado por una tenue luz de la que desconozco su procedencia.

–Bienvenido al aula virtual –dice mi abuelo de repente–. Esta vez no nos vamos a mover de aquí, pero eso no significa que lo que vamos a descubrir no vaya a ser tan fascinante como lo que has visto en tus anteriores viajes. De hecho, el funcionamiento de esta aula es de lo más, digamos, original. Vas a poder sentir que tú mismo estás dentro de una película donde se describirán los hechos necesarios para dar vida al tema que has elegido. Dicho de otro modo, todo lo que yo te voy a contar se va a reflejar en la pantalla, pero cuando tengamos que imaginar algunas cosas también aparecerán reflejadas en ella de forma que será todo mucho más sencillo. El sistema procesará las imágenes y los datos y el resultado será mostrado en la pantalla ¿Imaginas poder ver todo lo que pasa por tu mente? Y más aún, ¿Qué se pudiera mostrar a los demás?

Observo a esa presencia casi real y por un momento pienso que todo esto es un sueño. Si mi abuelo ha conseguido construir una máquina que es capaz de reflejar los pensamientos en una pantalla, podría ser algo revolucionario. En este instante me vienen a la mente la cantidad de extraños artilugios que hay en el sótano. Creo que necesitaría todo el tiempo del mundo para desentrañar los misterios que seguramente encierran lo que hay en esta casa.

–Es difícil de imaginar, la verdad –le respondo.

–Pues disfrútalo porque va a merecer la pena – manifiesta.

Al instante aparece en la pantalla el globo terráqueo girando sobre sí mismo. Al mismo tiempo va describiendo una órbita alrededor del Sol. Después surge una estrella por encima de él y entonces mi abuelo comienza su explicación.

–Ya desde antes de los tiempos de Galileo se comenzaron a medir de una forma precisa las distancias a las estrellas cercanas. La técnica que se utilizó se denomina *paralaje.* Es muy fácil de entender y se basa en la observación relativa de un objeto desde puntos distintos siempre y cuando se conozca la distancia entre esos puntos. Tú mismo puedes hacer la siguiente prueba para entenderlo mejor. Mira el Sol que aparece inmóvil en la pantalla, ahora alarga el brazo y sube el pulgar hasta situarlo delante de este Sol. Si cierras un ojo verás al Sol en una posición, pero si seguidamente lo cierras y abres el otro ojo verás que parece que se desplaza de un lado a otro. Lo que ocurre es un desplazamiento aparente al ser observado desde dos puntos distintos. Este fenómeno es idéntico al que se produce cuando observamos una estrella desde dos puntos opuestos dentro de la órbita que describe la Tierra alrededor del Sol. Al observarlo desde cada extremo de la órbita parece como si se desplazara sobre el fondo estrellas. Al conocer la distancia al Sol y el ángulo determinado por su desplazamiento aparente, aplicando la trigonometría podemos conocer la distancia entre esa estrella y la Tierra.

Según explica mi abuelo voy siguiendo en la pantalla todo lo que dice. Lo más curioso es que cuando surge una duda en mi mente, al instante se refleja en la pantalla y escucho una explicación detallada sobre ella.

–Este método sólo es válido para distancias menores de 100 años luz, puesto que cuanto mayor es la distancia, el paralaje es menor y los errores por tanto mayores – manifiesta.

–¿Y el fotón? ¿Qué papel juega en todo esto? En el título del tema aparecía.

–Su papel es muy importante por su propia naturaleza a la hora de medir distancias más lejanas, ya que es considerada como partícula y también como onda. De hecho, el segundo método para medir distancias en el universo se basa en la luminosidad y brillo de las estrellas, algo que está en estrecha relación con esta partícula. Este método se denomina método de las *Cefeidas*. Éstas son un tipo de estrellas descubiertas sobre 1.910 que están repartidas por todo el universo. Todas poseen una característica común: tienen una luminosidad que varía de manera cíclica. Todo empezó cuando por el método de paralaje se descubrió un tipo de estrella que emitía pulsos regulares. Tras años de estudio se observó la existencia de una relación entre luminosidad y periodo, lo cual fue revelador ya que midiendo el tiempo que tarda cada ciclo –*o periodo*– obtenemos el brillo intrínseco –*o luminosidad*– de la estrella. Una vez que conocemos su luminosidad es posible calcular la distancia ya que ésta disminuye de forma proporcional al cuadrado de la distancia que la separa desde la Tierra. Por lo tanto, en este punto y observando a las innumerables cefeidas distribuidas por el universo en galaxias lejanas, podemos estimar la distancia a la que se encuentran.

–Nunca había oído hablar de las Cefeidas y menos que fueran regulares en la emisión de su energía –comento asombrado mientras se desvanecen las imágenes en la enorme pantalla.

–El Universo no deja de sorprenderte, ¿verdad Mario? Pues no sólo las Cefeidas sirven para medir distancias, porque como puedes suponer no en todas las galaxias existen. Por eso te voy a comentar otro método más; éste se basa en las Supernovas tipo 1a. Como ya sabes, cuando colapsa una supernova emite una cantidad ingente de energía. Esta energía es tal que es incluso mayor a toda la energía emitida por todas las estrellas de la galaxia en la que se encuentra. Lo positivo de esto es que se conoce perfectamente la masa de esa supernova y la luminosidad es siempre la misma, por consiguiente, y por el mismo motivo que te expliqué cuando te hablé de las cefeidas, al conocer su luminosidad podemos calcular la distancia. Lo negativo es que este tipo de supernovas se producen muy de vez en cuando, una o dos cada siglo en cada galaxia.

–¿Y podrían coexistir una Cefeida y una supernova de este tipo en la misma galaxia? –pregunto desde mi ignorancia.

–¡Por supuesto! Y eso sería fabuloso a la hora de medir la distancia, pues tendríamos dos referencias válidas para hacerlo –responde con evidente satisfacción al ver que seguía perfectamente su exposición–. Ahora tengo que comentarte algo más relacionado con todo esto y que fue un aporte clave. Para conseguir medir con mayor precisión distancias entre estrellas donde no hay Cefeidas ni

Supernovas tipo 1a que puedan servir de referencia, se utiliza un método aún más preciso y donde el fotón cobra todavía más importancia. Pero para continuar primero necesito explicarte algo sobre esta partícula.

Al instante desaparece de la pantalla la imagen de la supernova y aparece una onda que se va desplazando de izquierda a derecha mientras sube y baja de forma constante. Mi abuelo continúa con su explicación.

–Antes he mencionado que el fotón se comporta como partícula, pero también como onda. Como partícula puesto que es capaz de interaccionar con la materia y como onda por su forma de propagarse por el medio. Para que entiendas mejor algo que es fundamental en este tema que has elegido, te propongo que imagines que eres un surfista en medio de un mar embravecido con olas enormes. Ves como se forman las olas mucho antes de que lleguen a la zona de la playa donde empiezan a romper, de forma que si observaras toda la masa de agua desde un punto lejano verías una superficie ondulada y homogénea. Pues bien, un fotón se mueve de esa forma describiendo un movimiento que va desde la cresta *–o el punto donde la ola tiene su altura máxima–* hasta el valle *–situado en su altura mínima–* y así sucesivamente. Ahora imagina al surfista situado en la cresta de una de esas olas. Desde ahí arriba vería la siguiente cresta que estaría separado de ella una cierta distancia. Extrapolando al caso del fotón, se denomina longitud de onda a la distancia entre crestas *–o valles–*, periodo al tiempo empleado para completar una longitud de onda o lo que es lo mismo, una oscilación completa, y frecuencia al número de veces que se repite el movimiento por unidad de tiempo o en este caso el número de olas que llegan, por ejemplo, por minuto.

–O sea, que cuanto más juntas estén las olas (o las crestas), menor longitud de onda y mayor frecuencia.

–Eso es. Ahora te será algo más fácil seguirme. Cuando nosotros vemos la luz que nos llega en forma de los distintos colores que conocemos, lo hace dentro de lo que se llama el espectro visible. El ojo humano no es capaz de ver toda la radiación que recibe, tan sólo la que está dentro de este espectro definido por unas longitudes de onda determinadas, pero eso no significa que no nos llegue o no nos afecte. De hecho, la luz, como portadora de la radiación electromagnética, nos alcanza también en longitudes de onda en forma de microondas, ondas de radio, luz ultravioleta, rayos X o rayos gamma. En el espectro completo de luz electromagnética tenemos en uno de los extremos los tipos de radiación con longitudes de onda más cortas –*ultravioleta*–, como los rayos gamma, y en el otro la radiación con longitudes de onda más largas –*infrarrojo*–, como las ondas de radio. Ahora es el momento de volver al punto donde estábamos, es decir, cuando queríamos medir distancias en las que no existen Cefeidas ni Supernovas 1ª, y es que midiendo la longitud de onda que nos llega desde una estrella podemos saber la distancia a la que se encuentra. Esto se debe a que cuanto mayor es la longitud de onda, más lejos está de nosotros. Este fenómeno lo estudió Edwin Hubble, lo que le sirvió por una parte para afirmar que el universo se estaba expandiendo y por otra para conseguir medir distancias a estrellas lejanas. Se basó en lo que se llama corrimiento al rojo *–partiendo del conocido Efecto Doppler–*. Al observar galaxias cada vez más lejanas vio que la luz recibida se iba desplazando hacia el rojo en la escala espectral, de la misma forma que una misma estrella emite una radiación electromagnética cada vez mas desplazada hacia el rojo *–es decir, su longitud de onda cada vez va siendo mayor–*, y por lo tanto se va alejando.

–Pero, ¿cómo consiguió medir la distancia? –pregunto sin perder detalle de la pantalla.

–En los tiempos en los que Hubble realizaba este tipo de investigaciones ya se conocían algunas distancias a estrellas y galaxias lejanas que se habían determinado por los métodos que te he descrito antes. Sólo tuvo que formular una escala que relacionara las distancias con un valor de corrimiento hacia el rojo. Dicho así puede parecer muy sencillo, aunque puedes imaginar que no lo es, pero el hecho es que gracias a su descubrimiento se pudo confirmar que el universo está en continua expansión y no sólo eso, sino que ésta se va acelerando.

Observo sin desviar la vista de la pantalla, cómo se desvanecen poco a poco las ondas que han servido para explicarme la naturaleza ondulatoria de la luz y las innumerables galaxias que se alejan despacio unas de otras hasta que desaparecen totalmente. Pienso sobre todo lo que he escuchado y no termino de salir de mi estado de asombro. De nuevo oigo la voz de mi abuelo.

–En este punto terminamos este viaje. Espero que haya satisfecho de nuevo tu curiosidad.

De pronto, como en otras ocasiones, todo se vuelve oscuro a nuestro alrededor. En cuestión de segundos estaremos de vuelta a la sala interactiva. Cierro los ojos y me intento relajar deseando que los viajes no acaben nunca.

Viaje a un agujero negro

Cuando la sala interactiva queda por completo a la vista me da la impresión de llevar allí años, sin embargo^, nada ha cambiado. Debe ser por haber viajado a varios de los lugares más recónditos del universo en tan poco tiempo y por la cantidad de información que ha llegado a mi cerebro, pero el hecho es que lo que antes me parecía irreal y propio de una película de ficción, ahora me parece más real que el mundo del que provengo.

Sin perder un instante paso los temas rápidamente en la pantalla. Sé lo que busco porque lo pasé de largo antes de elegir el tema de las distancias del Universo. Me pregunto dónde está.

–Buscas algo en concreto, ¿verdad? –dice mi abuelo al que nada parece pasarle desapercibido.

–Sí, pero no lo encuentro.

–¿Es este? –pregunta señalando uno de ellos.

–Así es ¿cómo lo sabías? –salto extrañado.

–Va en la propia naturaleza humana intentar conocer su origen, pero también su posible final. No creo que exista alguien que no quiera saber qué pasaría si el destino de la Tierra es terminar en un agujero negro –sonríe.

Sin más, lo selecciono mientras siento cómo mi ritmo cardíaco se acelera.

–Creo que este viaje tampoco te va a defraudar –anuncia activando de nuevo el síncrono.

En segundos de nuevo la oscuridad nos envuelve. Impaciente, espero ver dónde nos va a llevar el síncrono esta vez.

Por fin la nube se desvanece y observo lo que tenemos delante. Es una galaxia.

–Voy a empezar por explicarte lo que es un agujero negro, pero no te creas que es una tarea sencilla, puesto que vamos a hablar en la mayoría de las veces de hipótesis y teorías. Es más, tú ya sabes que la física por la que se rige el universo conocido se lleva mal con la física cuántica y en este caso, va a ser necesario acudir a ella en más de una ocasión. Dicho esto, se puede afirmar que un agujero negro es una región del espacio con una masa y densidad tan grande que ejerce tal fuerza gravitatoria que nada de lo que esté en su radio de acción puede escapar, ni siquiera la luz. En la galaxia que tenemos delante puedes imaginar dónde está ubicado el agujero negro.

–¿En el centro?

–Efectivamente. En su centro. Lo que ves es la Vía Láctea, y como sabes está formada por millones de sistemas estelares que giran alrededor de este objeto tan fantástico y que ha dado pie a multitud de teorías sobre lo que se oculta dentro de él, aunque muchas de ellas inverosímiles. Los agujeros negros no son todos iguales ya que hay distintos tipos que vienen definidos sobre todo por su masa. No obstante, más allá de esa clasificación, lo que nos interesa ahora es saber algo más de ellos en general.

–¿Cómo se ha formado? –interrumpo.

–En parte ya conoces algunas fases del proceso. Si recuerdas, cuando viajaste hasta los confines del universo fuiste testigo del nacimiento de una Supernova y viste lo que ocurría en su evolución si su masa era menor a 20 veces la masa del Sol. En ese caso se convertía en una estrella de neutrones, ese objeto tan denso y pequeño que giraba tan rápido emitiendo una enorme cantidad de energía. Pero, por el contrario, si la masa fuera mayor que 20 veces la masa del Sol, esa supernova evolucionaría hacia un agujero negro. Para decirlo de forma breve, tras la descomunal explosión provocada por el colapso de la Supernova, la masa se contrae tanto y adquiere tal densidad que absorbe todo lo que lo rodea. Eso no quiere decir que tenga un tamaño descomunal, pues se sabe que un agujero negro con una masa igual a la del Sol tendría tan sólo un radio de tres kilómetros. En el caso de los agujeros negros supermasivos pueden tener una masa de 10 a 100.000 millones de soles. Existe una gran diferencia, ¿no crees? Otra cosa que debes saber es que, debido a su gravedad, al atraer el gas que se encuentra a su alrededor se puede llegar a calentar hasta los 12.000.000 °C, o lo que es lo mismo, hasta una temperatura 2.000 veces mayor que la de la superficie del Sol. Ahora, vamos a acercarnos para verlo mejor ¿Te parece?

–No estoy muy seguro de querer hacerlo con todo lo que me has contado –comento vacilante.

A pesar de que sé que no me puede ocurrir nada, me invade una cierta sensación de inseguridad. Es ilógico, lo sé, pero no puedo evitarlo.

–No te preocupes. Has visto cómo se han creado mundos, cómo han colapsado estrellas e incluso cómo ocurrió el Big Bang. No creo que esto sea mucho más peligroso –dice mi abuelo seguro de sí mismo.

Asiento con la cabeza y salimos disparados hacia el centro de la galaxia. Atravesamos cientos de miles de nebulosas, estructuras y sistemas estelares en pocos segundos hasta llegar a las inmediaciones del agujero negro. Observo con temor un punto negro que va absorbiendo todo lo que está cerca de él desapareciendo ante mis ojos. No puedo evitar mirarlo con cierto recelo. ¿Y si nosotros fuéramos engullidos por él? Cómo si mi abuelo me hubiera leído la mente se acerca poco a poco cada vez más.

–Quiero enseñarte algo. Pero Mario, intenta relajarte y disfrutar de esta maravilla del universo –comenta como si supiera que por dentro mis miedos van aumentando por segundos.

–Lo intentaré, abuelo, lo intentaré –simplemente acierto a decir.

–Si te fijas bien, un agujero negro es difícil de localizar a no ser porque lo rodea ese disco luminoso –dice señalándolo–. Es lo que se denomina disco de acreción y está formado por gas sobrecalentado y polvo que gira alrededor de él a velocidades inmensas, produciendo radiación electromagnética –ondas de radio, rayos X y rayos gamma–, y una esfera de fotones que a su vez rodea a todo el disco. Si no fuera por eso, no se podría identificar ningún agujero negro. Debido a las altas velocidades por acción de la gravedad, esta altísima cantidad de energía es capaz de empujar hacia afuera la materia circundante creando *viento galáctico*. Pero eso no es lo más fascinante de todo. Si atravesáramos ese disco de acreción nos encontraríamos con una zona que los científicos han llamado *Horizonte de sucesos*. Es el punto de no retorno a partir del cual no se puede escapar de la influencia gravitatoria. Es decir, si cayéramos más allá del horizonte de sucesos, sólo podríamos seguir cayendo hacia el interior del agujero, nada más que eso. Para salir necesitaríamos llegar a la velocidad de escape, cosa que no es posible puesto que sería superior a la velocidad de la luz y como sabes, nada puede viajar a más velocidad de la que viaja la luz.

–¿Hasta dónde caeríamos? ¿Qué existe en el interior de un agujero negro? –pregunto intrigado.

–Ambas preguntas no tienen respuesta. Para tratar de contestarlas ahora deberíamos acudir a conceptos y teorías regidas por la mecánica cuántica. ¿Por qué? Porque en el interior del agujero negro no aplican las leyes de la física tal y como la conocemos debido a que la masa ha colapsado hacia una extensión infinitamente densa. En tu primer viaje en el que descubriste el origen del universo viste este fenómeno: una singularidad. Aquí el espacio–tiempo se curva y no es posible explicar lo que ocurre bajo las leyes físicas actuales.

Mi abuelo se queda en silencio observando cómo desparece ante nuestros ojos cantidades ingentes de polvo, gas y materia rápidamente en un bucle que parece no tener fin. Su visión es hipnótica y consigue que uno no quiera apartar la mirada de allí. Es algo verdaderamente extraordinario.

–¿Es este el final? –murmuro.

–Nadie sabe cuál es el final, Mario. Eso es lo fascinante del universo –responde lentamente.

Contemplamos durante un par de minutos la danza de los millones de partículas que son atraídas por la atracción gravitatoria del agujero negro, hasta que llega el momento de marcharnos.

–Debemos regresar –anuncia mientras todo comienza a desaparecer tras un velo denso y oscuro.

Me acomodo en el asiento y espero una vez más a que el viaje concluya.

La despedida

Escucho muy lejano un sonido que trato de identificar. Al fin lo consigo. Es una alarma emitida por el propio síncrono. Abro los ojos despacio y descubro que sigo sentado en su interior. Me he quedado dormido. Otra vez. Recuerdo mi último viaje perfectamente. No es que fuera más intenso que los anteriores, pero sí es cierto que sentí algo distinto. Y es que saber que el destino de todo el universo es desconocido e incierto no es nada alentador.

Miro mi reloj y doy un respingo. ¡He dormido varias horas y tengo el tiempo justo para llegar a la estación! Observo que la imagen de mi abuelo ha desaparecido y la pantalla está en modo de espera. Recuerdo lo que me dijo acerca del botón rojo y la importancia que tenía el pulsarlo al acabar la sesión. Dudo por un momento. No me he despedido. Una lucha interior se desata dentro de mí. Apenas me sobra tiempo, sin embargo, necesito hablar con él, necesito saber más cosas acerca de los secretos que se encierran entre las paredes de esa casa y sobre todo necesito decirle todo lo que siento y lo que no pude decirle cuando vivía.

¿Qué hago? Tengo que tomar una decisión y tengo que hacerlo ya. Decido al fin que lo mejor que puedo hacer es marcharme de allí. Tendría que disponer de mucho más tiempo para las decenas de preguntas que inundan mi mente y en este momento no lo tengo. No me queda más remedio que salir de allí cuanto antes.

Rápidamente me acerco al mostrador y pulso el botón rojo. Con esa acción me aseguro que el sistema retiene todas las experiencias de las últimas horas. Al instante, gracias a Dios, en la mesa comienza el baile de leds que había en un principio, cuando lo vi por primera vez. Seguidamente me aseguro de que el síncrono queda apagado y extiendo la lona por encima. Cojo el *Manual del viajero del tiempo* con intención de devolverlo a su sitio y comienzo a subir las escaleras. Si algo tengo seguro es que de momento nada de lo que hay en esa casa tiene que salir de allí.

Ya en la biblioteca, cierro la puerta de la sala interactiva y la atravieso casi corriendo. La abandono y activo el mecanismo de cierre. En unos segundos las viejas estanterías vacías ocultan el acceso a la biblioteca. Continúo mi camino atravesando el sótano donde duermen todos los ingenios que no he podido ni examinar y después asciendo hasta la planta baja. Sin perder un segundo subo al primer piso y una vez allí recorro el pasillo que lleva a la puertecilla que da acceso a las escaleras que conducen al desván.

Allí está todo tal y como lo dejé hace unas horas. Me acerco a la librería donde se encuentra la caja con el resto de tomos con la intención de dejar el primero de la colección en su sitio. Me paro un momento. Ni siquiera he llegado a ver el final del libro. Lo abro y compruebo que está totalmente escrito. En su parte final figuran ya todos los viajes que he hecho con mi abuelo, el amanecer en Mercurio, mi viaje a la Luna, la visita a Marte... incluso hay un apartado con unas breves instrucciones para activar y desactivar el síncrono. En ese instante me viene a la mente una pregunta que no tiene una respuesta, al menos de momento: ¿Si alguien leyera ese tomo lo vería como yo lo veo ahora o lo vería en blanco? Está claro que el libro refleja las experiencias del lector cuando decide dejarse llevar y asume que algo que parece imposible puede suceder, pero quiero pensar que afecta sólo y únicamente a ese lector en concreto. No tengo forma de saberlo. Ojeo el segundo tomo y compruebo que todas sus hojas salvo las primeras en las que figura un breve índice, están en blanco. Devuelvo ambos tomos a su lugar y cierro la caja con la esperanza de que algún día pueda continuar esa lectura tan fascinante. Desconozco cuándo, pero mientras coloco la caja en el último estante me prometo a mí mismo regresar en cuanto pueda para desentrañar los secretos que siguen ocultos en esa casa.

Dejo todo tal y como estaba antes de que yo invadiera el desván y ya desde la puerta echo un último vistazo. Aún estoy en la casa de mi abuelo y ya comienzo a sentir cierta nostalgia, y es que lo que he vivido aquí no lo puedo comparar con ninguna otra cosa. Miro mi reloj. El tiempo parece transcurrir más deprisa de lo que habitualmente lo hace. Cierro la puerta y desciendo hasta la planta baja. Cojo mi pequeña bolsa de viaje y rebusco la llave de la vivienda en el fondo de mi pantalón. Allí está. Abandono la casa asegurándome que la vieja cerradura bloquea perfectamente la puerta y atravieso despacio el jardín. Ya en desde la valla exterior la observo por última vez. Nadie diría que esa vieja edificación oculta en sus entrañas una tecnología capaz de lograr cosas increíbles, cosas que nadie ha logrado.

—Hasta pronto abuelo, espero volver a verte —acierto únicamente a pronunciar antes de alejarme en dirección a la estación.

El regreso

Cuando salgo del taxi que me ha traído a la estación tan sólo quedan poco más de cinco minutos para la hora de partida. He llegado de milagro. Paso por los arcos de seguridad y tras enseñar mi billete recorro el andén hasta mi número de coche. Me desplomo al fin sobre el asiento que voy a ocupar en las próximas horas y es en ese momento cuando reparo en algo que se me había pasado por alto ¿Por qué sonó la alarma del síncrono justo cuando debía de hacerlo? Yo no recuerdo haber dicho a mi abuelo la hora de salida, ni siquiera haber mencionado que partía este día. Esto se suma a otras tantas incógnitas que quedan sin resolver.

Los pitidos intermitentes que avisan del cierre de puertas se escuchan a lo largo de toda la estación. En segundos el tren comienza a moverse. Me apoyo sobre la ventanilla observando cómo nos alejamos de la pequeña ciudad donde vivía mi abuelo. No sé cuándo, pero sé que volveré a este lugar y espero que sea más pronto que tarde, pues mis ansias por seguir descubriendo todo lo que se encierra tras los muros de la vivienda de mi abuelo, no se han desvanecido. Todo lo contrario, según me voy alejando siento que debo regresar cuanto antes.

El viaje es largo y el cansancio por todo lo que he vivido en las últimas horas comienza a apoderarse de mí, por lo que decido aprovechar el tiempo descansando. Dispuesto a desconectar del mundo que me rodea durante las próximas horas, activo el silencio de mi dispositivo móvil y lo guardo en uno de los compartimentos laterales de mi bolsa. Ahí es donde lo suelo dejar siempre que viajo, ya que su tamaño parece estar hecho a la medida de mi teléfono. Sin embargo, el compartimento no está vacío. Tiene una nota. Extrañado, la saco y la desdoblo. Es un papel amarillento y escrito a mano. Incluso veo que está firmado. Cuando lo leo no puedo creerlo.

Querido Mario,

Espero que hayas disfrutado descubriendo algunas de las cosas más extraordinarias del universo. Sé que tendrás multitud de preguntas que hacerme y que en realidad no sabes si lo que has vivido ha sido real o tan sólo un sueño. Yo te invito a que reflexiones sobre ello, aunque estoy seguro de que realmente no tienes demasiadas dudas al respecto. No tengo mucho más que decirte, tan sólo comentarte que creo que el objetivo que me había marcado contigo lo he conseguido. Sé que a partir de ahora, cuando no comprendas algo siempre intentarás encontrar su lógica e ir al fondo de cada cuestión. Ese es el secreto, ser curioso y tener interés por saber cómo funcionan los mecanismos que rigen nuestro mundo.

Nada más, Mario, y ten presente que, sobre lo que te estás preguntando ahora no puedes encontrar una respuesta por el mismo motivo por el que hace mucho tiempo se pensaba que la Tierra era plana o el centro del universo o que éste era estático o infinito. Ese motivo es la falta de conocimiento.

Espero volver a verte pronto.

Tu abuelo, te quiere

¿Cómo es posible? Aquella recreación virtual de mi abuelo no era material. En ningún caso podía interaccionar con la materia, quiero decir, no podía tocar, coger o mover cosas. Me pregunto cómo esa nota ha acabado en el compartimento de mi bolsa, sin embargo, decido no darle vueltas. Mi abuelo lo ha explicado muy bien, seguramente no tengo los datos ni los conocimientos suficientes para entender cómo lo ha logrado.

Vuelvo a apoyar la cabeza sobre la ventanilla admirando el fresco y verde paraje que atravesamos mientras pienso que sin duda… lo mejor está por venir.

Volveré pronto, abuelo, susurro antes de caer rendido.

…

Otros libros del autor:

- ➢ El secreto de Amarna
- ➢ El rostro de nadie
- ➢ Te esperaré en el Kilimanjaro
- ➢ Regreso a Amarna
- ➢ Cinco cuentos esenciales en tu vida
- ➢ Cuatro relatos inesperados
- ➢ El último viaje de Alexandre
- ➢ Proyecto: Marte, nueva vida
- ➢ El conserje
- ➢ Los cuatro ases

www.manualdelviajerodeltiempo.com
www.juancarlosserrano.es/libros